现代节水高产高效农业

膜下滴灌水稻水肥一体化技术

银永安 主编

中国农业出版社
北 京

　　膜下滴灌水稻栽培技术是新疆天业（集团）有限公司自主研发的一项绿色生态水稻栽培方法，该技术实现了水稻种植的全程机械化，田间管理可控化和灌水、施肥水肥一体化。其中，膜下滴灌水稻水肥一体化技术就是将肥料溶解在灌溉水中，根据水稻水肥需求规律，由灌溉系统管道定量输送给每一株稻秧，实现水肥同步供应。与水稻常规灌水施肥比较，膜下滴灌水稻水肥一体化技术具有节省肥料和劳动力、提高水肥利用效率、改善土壤环境、保护农田生态环境、发挥水稻最大生长潜力、实现优质高效等特性。水肥一体化技术是膜下滴灌水稻栽培中的重点内容，需农业科研人员从理论和实践去研究、探索与完善。

　　本书共6章，内容涵盖国内外水肥一体化技术研究进展，膜下滴灌水稻水肥一体化设备载体、管网设计，膜下滴灌水稻水肥系统的水分管理，水肥一体化对膜下滴灌水稻水肥、劳力节约及对产量品质的提升，膜下滴灌水稻水肥一体化的经济、生态和社会效益等。

　　本书出版得到中国博士后科学基金（2018M633657XB）、

新疆生产建设兵团博士资金（2014BB011）、新疆生产建设兵团中青年科技创新领军人才计划（2017CB006）资助。中国水利水电科学研究院、新疆维吾尔自治区土壤肥料工作站及一些水稻科研机构等单位对本书的撰写提供了宝贵资料和建议，在此一并表示感谢。

本书适合水稻技术研发单位、节水灌溉企业、基层农业技术推广部门及膜下滴灌水稻种植户阅读，也可作为农业院校相关专业的参考书籍。希望本书的出版能给读者带来水稻水肥一体化的最新理念，为膜下滴灌水稻大面积推广做出贡献。

由于水平有限，书中疏漏之处在所难免，恳请广大读者批评指正。

编　者

2019 年 1 月

前言

第一章 绪 论

第一节 水肥一体化技术原理

我国是个耗水大国，水资源并不丰富，利用率极低，供求问题非常尖锐。长江流域及其以南地区人口占了中国总人口的 54%，但是水资源却占 81%；而北方人口占 46%，水资源只有 19%。我国农业生产对水的依赖性很大，而且也是耗水量最大的生产部门。以 2008 年为例，我国年用水量为 5 500 亿～5 600 亿 m³，其中农业约 3 800 亿 m³，工业约 1 150 亿 m³，生活用水约 600 亿 m³。但农业用水的有效利用率很低，只有 50% 左右，重复利用率为 20% 左右。因此，调整农业结构，发展节水灌溉势在必行。

水是生物生存之源，是农林业生产发展的必要条件；肥料是生物增产高产的重要保障。长期以来，缺水与肥料的大量使用是制约我国农林持续健康发展的重要因素。近年来，随着全球气候变暖，干旱加剧，干旱面积不断扩大，全国年均农业受旱面积已由 20 世纪 50 年代的 1 330 万 hm² 上升到 20 世纪 90 年代以来的 2 670 万 hm²。全国旱灾近年平均减产粮食 250 亿 kg，经济损失达 150 亿～200 亿元。我国的传统灌溉方式仍然以渠道灌溉为主，渠道是我国农田灌溉的主要输水工程。但传统的土渠输水渗漏损失太大，占输水量的 50%～60%，一些土质较差的渠道输水损失高达 70% 以上。据分析，全国各渠道渗漏损失量达 1 700 亿 m³/年。我国是肥料生产大国，同时也是消费大国。根据国际肥料工业协会数据和我国统计数据分析，2007 年我国化肥使用量已占全球用量的 35% 左右，且使用量仍以每年 3.5% 的速度增长。由于施肥技术、肥料生产、产品不合理等多方面原因导致我国的肥料当季利用率低，氮肥为

$15\%\sim35\%$，磷肥为 $10\%\sim20\%$，钾肥为 $35\%\sim50\%$，均低于日本、美国、英国、以色列等发达国家。肥料的大量与不合理施用导致我国部分土壤结构改变，土壤肥力下降，土壤重金属污染加剧，土壤盐化碱化严重，同时也加剧了地表径流的水质污染，导致水体富营养化、地下水污染、农产品品质下降等一系列危害。减少化肥使用量、合理施肥、提高化肥利用率已成为我国农业可持续发展和保障我国粮食安全的重要问题。

在这种水资源短缺、肥料利用率低的现状下，我国农业急需从大水大肥的粗放型生产转变为合理利用资源的集约型生产，尤其是作为重要农产品基地之一的西北地区。水肥一体化技术是灌溉和施肥有机结合的最好方式。与传统方式相比，水肥一体化可以减少肥料挥发、固定以及淋洗带来的损失，肥料利用率可达 $30\%\sim50\%$，水分利用率可提高 $40\%\sim60\%$。

在我国，水肥一体化技术的发展越来越受到重视，滴灌水肥一体化技术和简易水肥一体化技术（即根际注射施肥）是我国西北地区推广应用的主要模式，但关于两种模式在推广应用中存在的问题及解决对策鲜有研究。

目前，农业仍是我国西北地区的支柱产业，而且存在着两大问题亟须解决。一是西北地区农业水资源随着工业用水和生活用水的不断增加而逐年减少，因此，在这种形势下特别是在保证生活供水和工业供水前提下，如何保障农业的发展，保障农业用水对于西北地区持续稳定的发展具有重要意义。二是西北地区因土壤贫瘠、水土流失严重造成土壤肥力低下，化肥的大量施用使其粮食、经济作物增产的同时也加剧了土壤的污染及肥料利用率不高所造成的资源浪费。解决上述问题的有效措施就是推广及应用水肥一体化技术，即灌溉与施肥相结合，如地面灌溉施肥、喷灌施肥、滴灌施肥及根际注射施肥等。但是，地面灌溉施肥和喷灌施肥在应用过程中水肥损失比滴灌施肥和根际注射施肥严重。而且滴灌及根际注射和施肥相结合方便且易控制，在实际应用中容易被农户接受。同时，滴灌施肥和根际注射施肥是解决我国干旱半干旱地区农业水肥资源不足及利用率低下等问题的有效措施之一。

一、水肥一体化概述

水肥一体化技术是将滴灌与施肥结合在一起发展起来的一种现代先进农业技术。这项技术主要是借助滴灌系统，将滴灌和施肥结合，利用滴灌系统中的水为载体，在灌溉的同时进行施肥，实现水和肥一体化利用与管理，使水和肥料在土壤中以优化的组合状态供应给作物吸收利用。通俗地讲，就是根据作物的需水、需肥规律和土壤水分、养分状况，将配制好的肥液与灌溉水一起，适时、适量、准确地随水施肥，直接到达作物根部土壤中供作物吸收。这样可以使灌水量、灌水时间、施肥量、施肥时间都达到很高的精度，具有水肥同步，集中供给，一次投资、多年受益的特点，从而达到提高水肥利用率的目的。这一技术主要适用于日光温室蔬菜、大棚等设施农业栽培，以及葡萄、草莓、苹果、梨树、枣树等果园和其他一些经济效益较好的作物，如棉花、芦笋等。

二、水肥一体化技术研究目标

（一）目标任务

以科学发展观为指导，紧紧围绕现代农业发展目标，按照转变农业发展方式、建设生态文明要求，突出重点区域和主要作物，确定主推技术模式；创新工作方法，着力推进水肥一体化技术本土化、轻型化和产业化；坚持行政推动与技术推广互动、工程措施与农艺措施结合、水分与养分耦合、高产与高效并重的原则，加强分类指导，强化工作落实，又好又快地推广应用水肥一体化技术。

（二）技术要点

1. 设施设备 通过综合分析当地土壤、地貌、气象、农作物布局、水源保障等因素，系统规划、设计和建设水肥一体化灌溉设备。灌溉设备应当满足当地农业生产及灌溉、施肥需要，保证灌溉系统安全可靠。根据应用作物、系统设备、实施面积等选择施肥设备。施肥设备主要包括压差式施肥罐、文丘里施肥器、施肥泵、施肥机、施肥池等。根据地形、水源、作物分布和灌水器类型布设管线。在丘陵山地，干管要沿山脊或等高线进行布置。根据作物种类、种植方式、土壤类型和流量布置毛管和灌水器。条播密植作物的毛管沿作物种植平行方向布置。对于中壤土或黏壤土果园，每行布设 1 条滴灌管；对于沙壤土果园，每行布设 2 条滴灌管；对于冠幅和栽植行距较大、栽植不规则或根系稀少果树果园，采取环绕式布置滴灌管。安装完灌溉设备后，要开展管道水压试验、系统试运行和工程验收。灌水及施肥均匀系数应达到 0.8 以上。

2. 水分管理　根据作物需水规律、土壤墒情、根系分布、土壤性状、设施条件和技术措施，制定灌溉制度，内容包括作物全生育期的灌水量、灌水次数、灌溉时间和每次灌水量等。灌溉系统技术参数和灌溉制度制定按相关标准执行。根据农作物根系状况确定湿润深度。蔬菜宜为 $0.2 \sim 0.3$ m；果树因品种、树龄不同，宜为 $0.3 \sim 0.8$ m。农作物灌溉上限控制田间持水量在 $85\% \sim 95\%$，下限控制在 $55\% \sim 65\%$。

3. 养分管理　选择溶解度高、溶解速度较快、腐蚀性小、与灌溉水相互作用小的肥料。不同肥料搭配使用，应充分考虑肥料品种之间相容性，避免相互作用产生沉淀或拮抗作用。混合后会产生沉淀的肥料要单独施用。推广应用水肥一体化技术。优先施用能满足农作物不同生育期养分需求的水溶复合肥料。

按照农作物目标产量、需肥规律、土壤养分含量和灌溉特点制定施肥制度。一般按目标产量和单位产量养分吸收量，计算农作物所需氮（N）、磷（P_2O_5）、钾（K_2O）等养分吸收量；根据土壤养分、有机肥养分供肥。

第二节 国内外水肥一体化技术研究进展

水肥一体化是将灌溉与施肥融为一体的高效农业灌溉技术。水肥一体化技术可定量供给作物水分和养分，维持土壤适宜水分和养分浓度，调节水的入渗速率，灌水均匀，不产生地表径流，减轻土壤板结，减少土壤中水分蒸发和渗漏损失，使灌溉水利用率达90％以上。同时，由于实现水、肥同步管理，可有效提高肥料利用率，节省施肥用工。

水肥一体化技术在干旱缺水以及经济发达国家农业中已得到广泛应用，在国外有一特定词描述，叫"Fertigation"，即"Fertilization（施肥）"和"Irrigation（灌溉）"各拿半个词组合而成的，意为灌溉和施肥结合的一种技术。国内根据英文字意翻译成"灌溉施肥""加肥灌溉""水肥耦合""水肥一体""肥水灌溉"等。

肥料要达到作物根系表面被根系吸收通常经过 3 个过程，即截获、扩散和质流。①截获。养分正好与作物根系表面接触而被吸收，但该情况只占根系吸收的很小部分。②扩散。肥料溶解进入土壤溶液，靠近根表的养分被吸收，浓度降低，远离根表的土壤溶液中养分浓度较高，从而产生浓度差，使养分从高浓度区向低浓度区扩散，最后使离根很远的养分达到根表。③质流。植物在有阳光的情况下叶片气孔张开，进行蒸腾作用（这是植物的生理现象），导致水分损失。此时需要根系不断吸收水分供叶片蒸腾，从而根系附近的水分被吸收，离根较远处的水就会流向根表，溶解于水中的养分也跟着达到根表，然后被根吸收。在灌溉的同时施肥，极易完成质流和扩散过程，加快养分的吸收，大幅度提高肥料利用率，该过程即称为"水肥一体化"管理。

目前，水肥一体化灌溉技术已成为国际上作物精准灌溉施肥的常规技术措施。以以色列为例，其全国果树、花卉、温室栽培作物和多数大田作物均采用了这一技术，取得了显著的效果，成为以色列农业取得举世公认成就的主要支撑技术。随着可持续发展理念在人们意识中的加强，滴灌施肥在资源利用和环境保护方面的突出作用引起了越来越多学者的关注。

一、国外研究现状

水肥一体化灌溉施肥技术于 1960 年左右开始于以色列，之后，美国、澳大利亚和南非等一些国家陆续开展了这一方面的研究和应用，并在世界其他一些地方推广应用。世界上滴灌面积增加十分迅速，1981—1986 年的 5 年间增长了 63%，1981—1991 年增长了 329%，2000 年达到 3 亿 hm^2。在以色列，75% 以上的灌溉面积采用了这一技术。在印度、墨西哥等一些发展中国家，滴灌的发展也很快，滴灌面积也达 6 万 hm^2 以上。在以色列，对于一年生作物，尝试将肥料注入灌溉水中，取得了显著的效果；对滴灌的多年生作物，开始时采用将肥料于降雨季节施入，借助降雨将肥料带入根区。之后的研究发现，对于多年生作物，也可采用灌溉施肥的方法。设施栽培蔬菜、花卉生产的发展，对水肥调控技术提出的要求越来越高，为灌溉施肥技术应用提供了市场。这一技术显示出的巨大的应用潜力，是对其研究的推动力所在。水肥一体化技术可定量供给作物水分和养分及维持土壤适宜水分和养分浓度。适时、适量地供给作物肥料和水分，有利于维持理想的土壤水分及通透性，而且可调节水的入渗速率，灌水均匀，不产生地面径流和减轻土壤板结，减少土壤蒸发和渗漏损失，使灌溉水利用率可达 90% 以上；由于水、肥同步管理，可有效提高肥料利用率，节省施肥用工。当前水肥一体化技术已经发展为大面积推广应用，覆盖了多种栽培模式和作物。水肥一体化作为一种主要的灌溉施肥方式，不仅可以有效节约宝贵的耕地、水和肥料资源，还可有效调节作物水分和养分的供应，可在平地、缓坡地广泛实施，因而在水资源有限地区具有广阔的应用前景。

世界上科技先进、经济发达的国家早在 20 世纪 30 年代就开始研究实施喷灌这一先进的节水灌溉技术。西方国家采用喷灌设备灌溉作物，始于庭园花卉和草坪的灌溉。20 世纪 30～40 年代，欧洲发达国家由于金属冶炼、轧制技术和机械工业的迅速发展，逐渐采用壁金属管做地面移动输水管，代替投资大的地埋固定管，用缝隙或折射喷头浇灌作物。自第二次世界大战结束后，西方经济快速发展，喷灌技术及其机具设备的研制又进一步得到了快速发展。20 世纪 50 年代以后，塑料工业快速发展，为满足水资源缺乏地区灌溉的需要，以塑料为基础的滴灌和喷灌技术逐渐发展起来。20 世纪 60 年代，以色列为提高水资源利用率开始发展及应用水肥一体化灌溉施肥技术。20 世纪 70 年代，澳大利亚、以色列、墨西哥、新西兰、美国及南非等国家滴灌施肥技术模式迅速发展。目前，以色列已在农业各个领域（大田、果园、温室及园林绿化等）全面应用水肥一体化技术，其推广面积占全国农业灌溉面积的 67.9%，位居世界首位。而美国起步较晚，但却是微灌面积推广应用最大的国家，约为 95 万 hm^2，占全国总灌溉面积的 4.2%。20 世纪 80 年代，全世界喷灌、微灌面积已突破 0.2 亿 hm^2，其中美国和苏联已超过 666.67 万 hm^2，分别占两国灌溉面积的 40% 左右。而以色列几乎全都采用喷灌和微灌。在日本的旱地面积中，喷灌、微灌占到 90% 以上，同时开始将水肥一体化技术发展到自动推进式机械灌溉系统。从最初使用肥料罐设施，发展到采用文丘里施肥器和水压驱动肥料注射器，再到微机控制的现代水肥一体化系统设备。与之前相比，现在设备的养分分布均匀度也得到了提高。

随着施肥设备不断研发和更新，对肥料施用量的精准性控制要求也越来越高。施肥设备的发展也从需手工调节的肥料罐发展到机械自动化控水控肥设备，再到现在的施肥机系统，水肥同步供应的能力得到质的飞跃。如在温室中应用的施肥机等设备，将计算机、酸度计、电导率仪及灌溉控制器等仪器相连接，自动监控肥料混合罐内肥液 pH 和 EC 值，并实现对肥料用量更为精确的控制。目前，以色列、美国、荷兰、西班牙、澳大利亚等水肥一体化灌溉施肥技术发达的国家，已形成了设备生产、肥料配制、推广和服务的完善技术体系。

二、国内研究现状

相比发达国家，我国水肥一体化技术的发展晚了近 20 年。我国在 1974 年从墨西哥引进滴灌设备，分别在山西大寨、河北沙石峪、北京密云进行果树、蔬菜和粮食作物试验研究，试点总面积 5.3 hm²。在 1980 年，我国自主研制生产了第一代成套滴灌设备。自 1981 年后，我国在引进国外先进生产工艺的基础上，在灌溉设备上逐渐形成规模化生产，在应用上由试验到示范再到大面积推广。到 1985 年，我国滴灌面积发展到 1.5 万 hm²，其中辽宁省果树滴灌面积 1.4 万 hm²，占了全国滴灌面积的 90% 以上。在进行节水灌溉的同时，我国开始发展水肥一体化灌溉施肥的试验研究。20 世纪 90 年代中期，灌溉施肥技术理论及其应用日益受到重视，我国开始大量开展技术培训和研讨。2000 年，水肥一体化的技术培训和指导得到进一步的发展，全国农业技术推广服务中心参与国际合作，连续 5 年在我国举办水肥一体化技术培训班，邀请国内外专家就相关技术理论及其操作进行系统讲解，加大了微灌施肥的面积。2002 年以来，我国通过组织和实施旱作节水农业项目，推进各地建立核心示范区，使得水肥一体化技术由小范围试验示范发展为大面积推广应用，辐射范围从华北扩大到西北旱区、东北地区及华南地区，覆盖设施栽培、无土栽培、果树栽培等多种栽培模式，尤其是设施蔬菜生产的迅速发展，推进了水肥一体化技术的不断发展与完善。与此同时，一些高校、科研单位与企业合作开发了大量施肥设备和灌溉技术，如压差施肥罐、重力自压施肥系统、移动式灌溉施肥机、膜下滴灌施肥技术、泵吸施肥法、覆膜沟灌施肥技术、小白龙喷水带微喷施肥技术等，其中，在新疆地区应用的棉花膜下滴灌施肥技术已达到国际领先水平。

总体上，我国水肥一体化技术水平已从 20 世纪 80 年代的初级阶段发展和提高到中级阶段。其中，大型现代温室装备、部分微灌设备产品性能和自动化控制已基本达到国际领先水平；微灌工程的设计方法及理论也已接近世界领先水平；微灌工程技术规范和微灌设备产品已跃居世界领先水平。但是从整体上看，国内某些微灌设备产品尤其是首部配套设备的质量同国外同类先进产品相比仍存在较大差距；全国应用水肥一体化技术的覆盖面积所占比例还小；我国水肥一体化技术系统的管理水平还是相对较低；节水灌溉施肥的研究与技术培训投入不足。因此，大力发展水肥一体化技术需要多方面的共同努力。

第三节 水肥一体化技术的应用前景及优缺点

一、水肥一体化技术的优点

（一）提高水分利用率

滴灌施肥与其他灌溉相比，提高了水分利用效率。王玉明（2007）进行了滴灌、喷灌和管灌对马铃薯水分生产率及效益影响的研究。试验发现，马铃薯滴灌比喷灌 667 m^2 产值高 61.7%，比管灌高 22.4%。单位水的水分生产率和效益，滴灌比喷灌分别提高了 7.8%、61.7%，比管灌分别提高了 5.3%、22.6%。

（二）提高肥料利用率

滴灌施肥可以有效调节施肥的种类、比例、数量及时期，并将肥料施于根区，在保证根区养分供应的同时减少养分的淋溶，显著提高了肥料养分的利用率（Bar - Yosef 1999；Haynes 1985）。涂攀峰等（2011）在香蕉上的研究表明，通过滴灌施肥，氮肥的利用率可达 70%，磷肥达 50%，钾肥达 80%。另外，对甘蔗的滴灌施肥试验研究发现，滴灌施肥氮肥利用率达到了 75%~80%，而常规施肥只有 40%。

（三）节省劳力

滴灌施肥借助低压管道和农用机械将水和肥料按一定比例一同

供应给作物，可以节省大量的施肥和灌溉劳动用工。近年来，劳动力价格的攀升使得滴灌施肥省工省力的优势进一步显现。以菠萝为例（杨晓宏等，2014），巴厘种的菠萝叶缘布满倒刺，不仅给田间农事操作带来极大的困难，而且追肥劳动量大，用工成本高。据调查，常规追肥，每人每天仅能够完成 0.27 hm^2 的菠萝施肥工作，每公顷追施肥料需要人工费 1 350 元。而采用水肥一体化技术，不用人工下地灌溉施肥，每人每天可以灌溉施肥 3.33 hm^2，试验示范追肥用工成本仅为 900 元/hm^2，工作效率提高了 10 倍。

（四）适应能力强

滴灌出水量小，平均每个滴头出水量约为 1.6 L/h（杨晓宏等，2014），且管道长，拥有比较成熟的压力补偿装置，对压力变化的灵敏性较小，在小于 5° 的坡地上，可以不用考虑压力问题。而其他灌溉方式如喷灌对压力敏感性较大，在丘陵地区推广局限性较大。科学的滴灌作用下，作物根部会形成一个椭球形的湿润体，在不断滴入的水流的作用下，作物根系周围土壤中的盐分被推移到椭球体边缘，会使作物根部的椭球体部分保持正常的生长环境（夏新华等，2008）。滴灌适用范围广，在温室、大棚、田间、山地和沙漠地方均能应用，具有极强的适应能力。

（五）可开发边际水土资源

在戈壁、沙漠、盐碱地、荒山荒丘、干旱少雨及保水保肥性差的地区，采用其他灌溉方式，既浪费水资源，同时也无法满足作物的生长需要。而滴灌水肥一体化技术只湿润作物根区土壤，在节省水资源的同时出水量少，按照少量多次的原则随机满足作物对水分和养分的需求。以色列南部地区的 Negev 沙漠，年均降水量只有 100 mm，而年蒸发量高达 1 700 mm（Hagin，1982），造成降水少而蒸发大，在正常情况下无法种植作物。但利用滴灌水肥一化技术以后，该地区得到了开发和使用，广泛种植马铃薯等作物。

（六）减少农药用量

设施蔬菜棚内因采用水肥一体化技术可使其湿度降低 8.5%～15.0%，从而在一定程度抑制病虫害的发生。此外，棚内由于减少通风降湿的次数而使温度提高 2～4℃，使作物生长更为健壮，增强其抵抗病虫害的能力，从而减少农药用量。

（七）提高农作物产量与品质

实行水肥一体化的作物因得到其生理需要的水肥，其果实果型饱满。个头大，通常可增产 10%～20%。此外，由于病虫害的减少，腐烂果及畸形果的数量减少，果实品质得到明显改善。以设施栽培黄瓜为例，实施水肥一体化技术施肥后的黄瓜比常规畦灌施肥减少畸形瓜 21%，黄瓜可增产 4 200 kg/hm²。产值增加 20 340 元/hm²。

二、滴灌水肥一体化技术局限性

（一）滴头堵塞

滴灌系统中的滴灌带孔口直径和滴头流道直径一般小于 1 mm，在使用过程中极易因悬浮物（沙和淤泥）、不溶盐（主要是碳酸盐）、铁锈、其他氧化和有机物（微生物）引起滴头堵塞。滴头堵塞后影响水的均匀性，如果堵塞严重可使整个滴灌系统报废。目前，市场上过滤器品种少，过滤主要解决了除沙等物理性堵塞，生物堵塞和化学堵塞解决得不够理想。如果有大量杂质进入滴灌管中，不仅容易阻塞滴孔，同时也容易滋生微生物，进一步阻塞出水孔。因此，含矿物质较多、水质偏硬且杂物多的水源（如河水、受污染的湖水、溪水等）不适合用于滴灌，在特殊情况下必须使用的话，需通过过滤网过滤后方可使用。肥料需选择水溶性成分在95%以上的品种，且混溶的肥料之间不会发生化学反应产生沉淀。

（二）影响植物的根系分布

对多年生果树而言，滴头所在的湿润区附近根系密度增加，而非湿润区根系因得不到充足的水分供应生长受到抑制。在西北干旱半干旱地区，根系的分布与滴头位置有很大的关系。少灌、勤灌的灌水方式会导致作物根系分布变浅，在风力较大的地区甚至会产生拔根的危害。

（三）盐分积累问题

对于降水量少而蒸发量大的干旱地区，由于滴灌出水量小，水分蒸腾快，部分矿物养分无法随水分下渗到根区，从而在地表造成盐分积累。随着滴灌次数的增加，地表盐分浓度增加，对作物造成损害，影响作物的发芽及生长，同时也会改变土壤理化性质。如新疆地区采用含盐量较高的水灌溉时，盐分会在滴头湿润区域周边产生累积。

（四）投资成本高

应用滴灌施肥技术，首先需要有水源和电源。在通常情况下，农民需要在农田附近打井和拉电，并建立肥料池或储肥罐、水池和机房，花费 20 000～40 000 元，其中管道费用为 6 000～22 500 元/hm²（张承林、邓兰生，2012），滴灌施肥首部设施（包括电泵、过滤器、压力表）根据不同的规格和型号，也需要几千至数万元不等。对于个体农户的小规模种植而言，首次投入成本太高，虽然滴灌施肥的长远效益很好，但这对于西北地区很多农户而言是一笔很大的开销。另外，田间收管也成为一项劳动量较大的工作。

滴灌水肥一体化技术具有节水节肥、节省劳力、便于规模化自动管理，并且能提高经济效益，水肥高效耦合的优势。不仅解决了肥料利用率低的问题，还节约了水资源。滴灌水肥一体化技术不仅因为其首期一次性投资较大，限制了其在我国的发展，还因为滴灌施肥系统在使用过程中会出现滴灌带或滴头堵塞及作物根部盐分累积等问题，也挫伤了我国很多农户使用的积极性。但是相较于其他的灌溉施肥方式而言，滴灌水肥一体化技术有很大的经济效益，其利润增长空间很大，尤其是在我国西北干旱半干旱地区。

虽然在使用中会出现上述问题，但是只要肥料选择恰当，实际操作合理，这些问题是可以避免的。随着我国经济的快速发展，人力资源成本的上升，农业集约化速度的加快，水、土地等资源会越来越紧张，而生态环境也越来越受到人们的关注，滴灌水肥一体化技术将会受到越来越多的农户青睐。

第四节 水肥一体化在新疆地区应用概况

一、水肥一体化技术在新疆地区的应用

我国新疆地区地处欧亚大陆的腹地，远离海洋与湖泊，降水稀少，是典型的干旱、半干旱气候区域。新疆地区昼夜温差大，全年气候干燥、少雨，且时空分布不均。降水最多的是北疆，降水量在 150～200 mm；南疆地区则不足 100 mm，降水最少的地区其降水量约 10 mm。新疆地区农业灌溉用水占农业用水总量的 90.0%。

1977 年，新疆兵团农场开始引进滴灌技术，但仅局限于小面积试用。到 1996 年，开始将滴灌技术与薄膜覆盖技术相结合试用，获得了较为显著的成就，进一步解决了新疆地区水资源紧缺的问题。1998 年，新疆兵团农场与水利局等相关部门联合开展了"干旱区棉花膜下滴灌结合配套技术研究与示范"。该课题经历了 3 年的研究工作，并取得了良好的试验成果。

我国的水肥一体化技术主要有滴灌水肥一体化技术、微喷灌水肥一体化技术和膜下滴灌水肥一体化技术。在新疆地区，基于特殊的气候环境与农业特色，膜下滴灌水肥一体化技术的应用最为广

泛。地膜的覆盖，在一定程度上缩短了农作物的生长期，具有保湿、增温、抑盐、增产及减少病虫害等功效，能进一步确保新疆地区的农业生产。基施与随水滴灌施肥相结合是当前新疆地区滴灌施肥的主要方式，部分田地根据其特殊情况将随水滴灌施肥作为其全部的灌溉方式。

新疆地区已经将膜下滴灌施肥技术作为棉花种植生产的标准技术，得到了大面积的推广。近年来，随着我国科学技术与市场经济的稳步发展，新疆地区的膜下滴灌技术日渐成熟，滴灌设备的水平也进一步提升。滴灌系统的成本投资逐渐降低，滴灌技术发展迅速，其平均用水量为传统粗放型灌溉方式的 12.5%，是喷灌式用水量的 50.0%，是露地滴灌的 70.0%，进一步解决了新疆水资源紧缺和农业用水量大的问题。

新疆地区正在将滴灌施肥技术进一步推广扩大，如在玉米、小麦、籽瓜、黄豆、葡萄和苗木等的种植上应用。该技术最初应用于新疆地区的棉花种植，到目前为止，该技术已经在棉花种植过程中得到了较为成熟的技术与经验，进一步减少了无效的棵间蒸发，提高了灌溉水的利用率。同时，新疆地区棉花产量增产 18.4% ~ 39.0%，进一步推动了新疆地区的农业经济发展。

水肥一体化技术在新疆地区的应用，进一步减少了对当地水资源和土壤等农作物的基本生长资源的破坏，根据不同的产量与品质进一步将灌溉水量与作物生长所需的氮、磷、钾等基础养分的施肥量进行合理的配比，进而为新疆地区的农作物种植与农业发展提供了良好的技术支撑和技术保障，推动了新疆地区农业可持续发展，促进了新疆地区农业经济的快速发展。

二、新疆地区水肥一体化技术存在问题及发展对策

新疆的水肥一体化技术虽然起步早，发展得也比较成熟，但在长期的发展和完善过程中还有许多问题亟待解决。

（一）水肥一体化高产高效的机理研究少且不够深入，需进一步加强

目前，新疆地区各科研机构对水肥一体化技术进行了广泛研究，主要集中在棉花、葡萄、蔬菜、玉米等植物上。除棉花有相对较深的机理研究外，对于其他作物的研究则仅侧重于水肥一体化技术对作物产量、水分和肥料的利用率指标上，而对不同作物水肥耦合效应致使作物高产高效机理的研究较少。同时，对于不同作物在不同气候、不同土壤条件下，如何发挥水肥一体化效果的研究还很少。因此，深入探讨水肥耦合理论，明确区域条件下的"以肥调水、以水促肥"原理，确定合理的施肥量、施肥时间及方法，对于提高水肥利用效率的同时满足作物高产与优质的最佳水肥阈值有重要意义。滴灌施肥条件下土壤理化性状的变化情况、水肥耦合条件下肥料利用率提高的机理、干旱地区滴灌条件下土壤盐分消长变化规律及土壤盐渍化的防治措施，滴灌施肥与全层施肥如何协调配套以及滴灌施肥条件下土壤培肥的有关技术问题等需要展开深入研究。新疆是绿洲农业区，生态环境的保护和持续发展是非常重要的问题。因此，加强水肥高效利用对环境污染影响的研究，使旱地农业发展成为高效、优质、高产的生产体系，将品质作为一个十分重要的环节来抓，以使旱地农业实现生态效益和经济效益的双丰收，走上持续高效发展之路。

（二）水肥一体化技术的推广与普及工作有待加强

由于新疆兵团作物的种植，尤其是棉花种植的直接从业人员多是短季工或者是内地的自流人员，受教育程度相对较低，缺乏水肥一体化的理论和实践经验。另外，肥料生产企业普遍对农化服务重视不够，多数只重视肥料配方的经济效益和产品的宣传，对农工如何施用肥料技术的服务较少，使得部分地区在种植棉花时大量施用化肥作为基肥，部分棉田基肥施用比例甚至高达 $60\% \sim 70\%$，影响了肥料的利用率。在滴灌施肥时，未根据土壤肥力以及作物需肥

规律进行施用，多凭借经验随意操作，养分配比、用量分配不当，施肥时期及次数不合理现象较为普遍。不仅没有达到节省开支的目的，反而增加成本，造成较大的亏损，不利于水肥一体化技术的推广。因此，在实际应用中，就应该切实提高新疆从业人员的素质，加强对水肥一体化技术的培训，完善技术培训制度，强化在实践中的技术指导，从而为水肥一体化技术走向成熟、扩大推广应用面积打好基础。

（三）水溶性肥料市场混乱急需规范

新疆市场上销售的水溶性肥料品种呈现多、乱、杂的特点，滴灌专用肥大都是通用的配方。市面上随水滴施的肥料除了常用的尿素、磷酸二氢钾外，还有许多品种的滴灌肥，其养分含量不同，价格高低不一，且养分含量在 25%～35% 的滴灌肥占主导地位。一些生产商为了牟取利益，降低大量元素含量，添加一些价格相对便宜的微量元素、激素和植物生长剂，很难达到因土、因作物施肥，平衡施肥效果难以发挥。同时，一些单位或农户对水溶性肥料缺乏相关行业的知识，辨别能力差，听信经销商的宣传，有的贪图便宜随意购买价格低廉的肥料，盲目选择水溶性肥料致使施用后不但没有增产，反而有减产的现象发生。不但损害广大农民消费者的利益，还严重扰乱了化肥市场的正常秩序。因此，政府需加大对水溶性肥料市场的监管，整治源头，把好流通渠道和出厂关，对劣质生产企业和销售商严厉取缔和曝光，由此净化化肥经营市场。

综上所述，新疆地区水肥一体化技术起步早，发展快，成果明显。在市场经济快速发展的背景下，要进一步克服新疆地区特殊的气候环境，推动水肥一体化技术的进一步发展，促进新疆地区的农业发展，就需要进一步深入加强水肥一体化的技术研究，加强技术的推广与普及工作，进一步规范技术操作流程，规范肥料市场，进而推动水肥一体化技术在新疆地区的可持续发展，推动新疆地区实现农业生产的经济效益与环保效益的共赢。

第五节　膜下滴灌水稻水肥一体化基础技术

一、施氮水平及氮肥策略对水稻产量及产量构成的影响

国内外有关施肥对水稻产量、产量构成的影响方面已有较多研究，但由于地理位置、光照条件、品种特性、栽培模式等诸多因素的差异，研究结果并不一致，且研究重心主要在水稻上。对旱作水稻研究较少，尤其是水稻膜下滴灌栽培模式的施肥与产量的相关研究，在国内外鲜见报道。水稻膜下滴灌是水稻旱作模式的一种，因此与常规旱作具有一定的共同特点，如田间无水层、好气的土壤条件、节水等，旱作水稻的研究成果对膜下滴灌水稻研究具有一定的意义。

氮是作物体内许多有机化合物的组分，其对水稻的源库特性具有重要的调控作用。氮肥供应不足会导致水稻分蘖困难，株体矮小，并减弱光合作用，造成同化物积累不足（Ruuska et al.，2008）。氮肥施用过量，导致在成熟期时大量可溶性糖滞留茎鞘中，进而降低籽粒灌浆速率和籽粒产量；在生产上表现为贪青晚熟，并降低收获指数（Yang、Zhang，2010）。

施氮显著促进水稻的分蘖速度及分蘖数量，冯来定等（1993）研究发现，水稻分蘖总量与土壤铵态氮浓度呈极显著正相关（$r = 0.9337^{**}$），在土壤铵态氮浓度低于 $30\mu g/mL$ 时分蘖停止，分蘖期的施氮量与水稻最高茎数（$R^2 = 0.629^{**}$）、最高蘖数（$R^2 = 0.714^{**}$）都具有极显著的正相关（汪秀志等，2011）。丁艳峰（1997）在水培试验中也发现水稻在 $10\sim70\mu g/mL$ 范围内分蘖增量与培养氮素浓度呈极显著线性相关（$R^2 = 0.9447^{**}$），而在浓度达到 $90\mu g/mL$ 时，分蘖量反而减少，即在 $10\sim90\mu g/mL$ 范围内分蘖量与培养液浓度呈极显著一次曲线相关（$R^2 = 0.9513^{**}$）。

众多学者研究结论证明，在一定施氮量范围内水稻籽粒产量随施氮量增加而增加。但超过一定施氮量后，水稻产量无明显增加趋势（Ohnishi et al.，1999；晏娟等，2008），甚至呈负增长状态（张亚丽等，2008；张耀鸿等，2006）。即水稻产量与施氮量呈二次曲线相关（江立庚、曹卫星，2002；朴钟泽等，2003；张亚丽等，2008）。

有关氮肥对水稻产量构成因素的研究较多，但因水稻品种和栽培模式不同结论差异较大。徐春梅等（2008）以超高产水稻中早22为材料，研究认为氮肥用量对穗粒数影响较小，却显著提高有效穗数、结实率和千粒重；张耀鸿等（2006）以矮秆晚季稻ELIO和4007两个品种为研究对象，发现两个品种的有效穗数和穗粒数随施氮量表现为二次回归方程，而千粒重随施氮量的增加而减小，且呈显著线性相关；杨京平等（2003）研究发现，随施氮量增加水稻有效穗数和实粒数增加，氮过量后千粒重和实粒数降低；潘圣刚等（2009）研究认为氮肥对水稻两系杂交稻两优培九的有效穗数、穗粒数、实粒数和结实率的影响都达到显著或极显著水平，而对千粒重的影响不显著；Tageria和Baliar（1909）认为氮肥对水稻穗数的影响最大，其次是对实粒数和结实率的影响。Tong等（2011）以Zhenshan 97和HR5这两个印度水稻品种为研究材料，结果发现不施氮肥时，穗粒数对单株的产量贡献最大，但施肥后，结实率对产量贡献最大。以上结果均表明，氮肥显著影响水稻的产量，但对其产量构成的影响却不尽相同。因此，应根据当地情况、水稻品种等条件因地制宜地研究。

De Datta（1986）指出，水稻前期施用氮肥主要影响水稻分蘖和单位面积穗数，在幼穗分化始期和灌浆期施氮主要影响水稻穗粒数和结实率。因此，许多学者呼吁水稻施肥前氮后移，即降低基蘖肥的比例，提高促花肥和穗肥的施用比例，以此来达到水稻生产高产和优质的目的。Ghobrial（1980）研究认为，氮肥分两次施用显著高于基施的处理；Biloni和Bocchi等（2003）认为，早熟品种不适合氮肥后移，但中晚熟的品种氮肥后移处理有助于提高水稻产量。陈丽楠等（2010）研究发现，相同施氮量下前氮后移处理与常规施肥处理有效穗数和结实率无显著差异，而穗粒数和千粒重显著高于常规施肥；刘立军等（2002）研究认为，按基肥、分蘖肥、保花肥之比为 4：2：4 施用，可提高水稻分蘖成穗率，类似还有杨京平（2003）、万靓军（2007）等学者的一系列的研究，均提出在水稻的氮肥管理上，应适当减少基蘖肥的施用比例，不仅能增产，对提高氮肥利用率也有一定作用。

二、水稻养分吸收动态及规律

氮、磷、钾是水稻必需的三大营养元素，水稻百千克籽粒的氮、磷、钾需求量分别为 $1.6\sim2.5$ kg（N）、$0.6\sim1.3$ kg（P_2O_5）、$1.4\sim3.8$ kg（K_2O），氮、磷、钾的需求比例为 1：0.5：1.3。随种植地区、品种基因型、土壤肥力等的差异，对氮、磷、钾的吸收量会发生一定变化。

单季稻对氮、磷、钾的吸收一般具有两个吸收高峰期，分别在分蘖盛期和幼穗分化后期（刘建，2009）。早稻与晚稻的氮肥积累规律具有一定的差异，早稻仅在分蘖拔节期出现一个吸氮高峰，约占总吸收量的 60%，而晚稻在分蘖期和孕穗拔节期出现两个吸氮高峰期，其吸收量约占全生育期的 55% 以上，并认为水稻在中后期的磷、钾吸收是奢侈吸收，因为其对水稻产量并不具相关性（邹长明等，2002）。

三、水分管理模式对水稻生理生态的影响

水稻叶片卷曲是叶片水势状况和渗透调节作用的外部形态表现，可直观反映水稻受水分胁迫程度。研究表明，水稻叶片卷曲程度与叶片叶水势高度相关（金千瑜等，2004），叶片卷曲会减少叶片受光面积和气孔开度，从而导致光合能力下降（Boyer，1996）。

水稻光合速率、气孔导度与水分管理方式密切相关。在常规旱

作条件下，水稻生长受干旱胁迫，气孔关闭，蒸腾速率及光合速率明显下降（Bovcr，1996）；而在淹灌栽培模式下，水稻叶片蒸腾速率高，光合速率也较高，但其潜力并没有得到充分发挥；间歇性灌溉相较于常规淹灌而言，具有较大叶面积指数和光合速率，同时蒸腾速率也较低，水分利用率也较常规淹灌模式高（程建平等，2006；林贤青等，2004）。

程建平等（2008）研究发现，水稻叶片的叶绿素 a、叶绿素 b 和叶绿素总含量及叶绿素相对含量（SPAD）值随土壤水势降低而逐渐降低，且丙二醇、过氧化物酶（POD）含量随水势降低而提高。这是由于干旱条件下叶片内活性氧清除与产生的平衡失调，造成叶片活性氧自由基大量积累，从而引起水稻体内抗氧化酶系统启动，以减轻活性氧自由基对水稻的伤害，延缓由干旱造成的叶片衰老。

四、不同水分管理模式对水稻根系的影响

蔡昆争等（2003）对 10 个常用水稻品种根系研究发现，水稻根系体积和质量均随土层深度增加而下降，但主要分布在土壤 0～20 cm 层次，且表层（0～10 cm）占 80％以上，而 10 cm 以下的根系质量与籽粒产量呈显著正相关，相关系数达 0.726。朱德峰等（2001）的切根试验也证明了这一结论，认为下部根系被切除是造成水稻减产的主要原因。旱作条件下水稻根系分布同样以表层为主，但根系干重会有所增加，根系的下扎行为更明显，比淹灌水稻的根系长 10～15 cm，且随灌水量的减少根系下扎作用更为明显。

根长、根密度等是影响水稻吸收养分和水分的重要因素之一（Dusserre et al.，2009）。Davies（2007）认为，水分胁迫能诱导水稻根系分枝根比例提高，并增加分枝根中粗根数，减少不定根数量。蔡永萍等（2000）研究发现，水作水稻抽穗后根长较长，但单位体积根干重较轻，在水稻生育后期根系迅速衰老；旱作水稻根较短，单位体积根干重较重，抽穗后衰老速度较常规水作慢。

伤流液强度被认为是衡量水稻根系活力的指标之一。抽穗期水作水稻的根系伤流强度高于旱作水稻，抽穗后 3 d、10 d 分别比旱作水稻高 20.87％和 4.32％（蔡永萍等，2000）。王熹等（2004）的研究结果也进一步证明了该结论，在全生育期中供试水稻旱作法稻株单茎伤流量均低于相应常规淹灌法稻株。抽穗后期旱作能明显延缓水稻根系总吸收面积、活跃吸收面积的下降，延缓水稻早衰（蔡永萍，2000）。

五、不同水分管理模式下养分有效性的差异

由于灌水量减少和土壤气相比例增加，使旱作模式下水稻生长在好气环境中，进而引起稻田土壤 pH、微生物种类、土壤酶活性等一系列的变化，进而导致稻田土壤的养分有效性显著变化（Ciarlo et al.，2007）。

铵态氮和硝态氮是土壤中矿质氮的主要形态，同样也是作物最容易吸收利用的氮素形态。众多学者已经证实，旱作条件下的矿质氮主要以硝态氮存在，而在长期淹水的淹灌模式下土壤矿质氮的主要形态则是铵态氮（Cai，2002；Roelcke et al.，2002）。这是由于好气条件有利于硝化作用的发生，而淹水会阻碍这过程的进行（Roelcke et al.，2002）。

随着土壤含水量增加，土壤氧气含量逐渐减少，pH 趋于中性，引起土壤氧化还原电位逐渐降低，还原条件增强，使闭蓄态磷外层的氧化铁、氧化锰胶膜消失，磷有效性得到提高（胡霭堂，2003）。土壤含水量还显著影响土壤中磷的扩散，旱地土壤的磷扩散系数随含水量增加而增加，淹渍土壤中磷扩散系数比旱地土壤中磷扩散系数高 2～3 个数量级（徐明岗等，1996）。节水灌溉条件下，由于通气性增强，氧化还原电位增加，使土壤中磷有效性降低，水稻植株对磷的吸收受到一定限制，特别是当土壤含水量过低时影响更为严重。因此，水稻在节水灌溉时应该加强对磷素营养的协调和供应。

　　不同水分条件对钾有效性同样会产生一定影响。在钾丰富的土体中，若土壤失水变干，尤其是在高温干燥条件下，会显著促进钾的固定；如果土壤始终保持湿润状态，则钾的固定作用大大减弱（胡霭堂，2003）。干湿交替下改变土壤水分，可促进土壤钾进一步释放，显著提高土壤中速效钾含量（陈克文、卢伟娥，1989）。

　　土壤锰有效性受土壤 pH、氧化还原电位（E_h）湿度、有机质含量等多种因素影响，其中最直接的是 pH 和 E_h。在淹水条件下，土壤氧化还原电位较低，土壤中部分锰被还原为易还原态锰，以二价锰离子形态存在，能较好地为植物所吸收和利用（胡霭堂，2003）。锰的有效性较高，甚至出现锰毒害现象。淹水还导致土壤锰可溶性增强，有效性增大，但也促进了土壤锰随渗漏液向土壤剖面下部淋溶、沉积以及水稻对锰的吸收，从而导致耕层土壤全锰含量和有效锰含量明显下降（李顺义，2002；刘学军、昌世华，1999）。与淹水处理相比，湿润处理（灌水量为淹灌的 1/3～1/2，即土表无明显水层，灌溉次数与淹水相同）显著地减缓了土壤中锰的这种转化，并显著降低水稻对锰的吸收（刘学军、昌世华，1999）。常规旱作条件下，土壤锰的有效性显著低于水作条件下，甚至出现锰缺乏症状（王甲辰、张福锁）。

　　锌是影响作物生长发育的重要元素，当植物中锌含量小于15～20 mg/kg 时，有可能出现缺锌症状。缺锌可导致作物生长缓慢，生物量下降，有效穗数减少，结实率和粒重下降，蛋白质合成受阻等一系列不良影响，从而影响作物产量和品质（陆景陵，2003）。研究表明，土壤渍水条件下 E_h 下降，铁、锰有效性得到提高，对水稻锌吸收起拮抗作用，形成锌铁尖晶石等，降低锌有效性。特别是 Fe^{2+} 浓度的增加，可显著减少水稻对锌的吸收（陈文荣，2008），并且在还原下还生成硫化物。一方面，锌与 H_2S 结合生成 ZnS 沉淀，降低锌有效性；另一方面，硫化物影响水稻根系活性，妨碍水稻根系对锌的吸收或体内转运，导致水稻水作比水稻旱作更容易发生缺锌。

第二章　水肥一体化技术的设备载体

第一节　滴灌系统简介及特点

1920年，美国加利福尼亚州的Charles Lee申请了一个多孔灌溉瓦罐的技术专利，大家认为这是滴灌技术的雏形，也是世界上最早的滴灌技术。它是将具有一定压力的水，过滤后经管网和出水管道（滴灌带）或滴头以水滴的形式缓慢而均匀地滴入植物根部附近土壤的一种灌水方法。至今，世界上80多个国家使用滴灌技术，其中有完全由计算机操纵的滴灌技术，能根据土壤的吸水能力、作物种类、作物生长阶段和气候条件等，可以定时、定量、定位地把混合了肥料、农药的水滴渗到植株的根部，以少量的水培育出更多更好的果蔬植物。滴灌是迄今为止农田灌溉最节水的灌溉技术之一，是干旱缺水地区最有效的一种节水灌溉方式，水分利用率可达95%。

一、滴灌技术的特点

1. 作物增产增效　采用高新节水技术后棉花可增产10%～20%，低产田则可增产25%以上。

2. 节省水资源　地膜滴灌和其他形式的节水灌溉，比常规灌溉可节省用水40%～50%。因此，水费也少支出一半。

3. 节省农药　过去的灌溉方法下，农药是喷洒，而现在是将农药溶到滴灌的水体中点注，节约了用量，集中力量灭虫，杀虫效果好，而且减少了面源污染，不易伤及害虫的天敌。

4. 节省化肥 传统的施肥方法是手撒式或按穴点播，施肥不均，浪费严重；而现在将化肥溶于压力水中，随水施至作物根系附近，易被作物吸收，提高了利用率，保证了作物需要。

5. 节省耕地 由于膜下滴灌取消了农渠、毛渠，可节约耕地5%～7%。

6. 节省人力和机工 滴灌技术通过闸阀控制灌溉，使每人管理定额成倍提高。同时，膜下滴灌保持土壤疏松，基本不长杂草，大大减少了中耕次数，减少农机作业。

7. 滴灌抗盐碱能力强 滴灌浸润区将土壤盐分向外推出，改善了作物生长环境。

8. 节水使产品质量提高 采用节水灌溉后作物所需水分适中，加上日照条件，棉花、瓜果所需营养合理配置，因此作物长势良好且整体质量改变。

二、滴灌技术存在的问题

1. 易引起堵塞 灌水器的堵塞是当前滴灌应用中最主要的问题，严重时会使整个系统无法正常工作。引起堵塞的原因可以是物理因素、生物因素或化学因素。如水中的泥沙、有机物质或是微生物以及化学沉凝物等。因此，滴灌时水质要求较严，一般均应经过过滤，必要时还需经过沉淀和化学处理。

2. 可能引起盐分积累 当在含盐量高的土壤上进行滴灌或是利用咸水滴灌时，盐分会积累在湿润区的边缘。若遇到小雨，这些盐分可能会被冲到作物根区而引起盐害，这时应继续进行滴灌。在没有充分冲洗条件下的地方或是秋季无充足降水的地方，要加强排盐工作。

3. 可能限制根系的发展 由于滴灌只湿润部分土壤，加之作物的根系有向水性，这样就会引起作物根系集中向湿润区生长。

第二节　滴灌系统分类

一、滴灌系统组成

　　滴灌系统主要由水源工程、首部、输水管网和灌水器等组成。可根据不同的使用要求、地势和面积等，设计和推荐相应的滴灌系统设备类型。滴灌系统从水源工程中取水，通过首部加压，或注入肥料（或农药等），经过滤后，按时、按量输送到输水管网中去，最后进入毛管（灌水器）滴到作物根部（图2-1）。

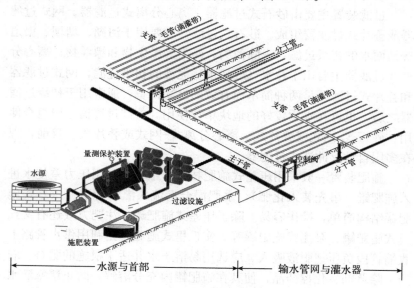

图2-1　滴灌系统示意图

二、滴灌系统各部分作用

（一）水源工程

为从水源取水进行滴灌而修建的拦水、引水、蓄水、提水、输水和沉淀工程，以及相应的输配电工程。由水源、水泵、压力罐或水塔等组成。水源类型可以是地下水（井水），也可以是地表水（河水、湖水和塘坝水等），水质必须符合滴灌水质的要求。

（二）首部

滴灌系统的首部主要包括动力机、水泵、施肥（药）装置、过滤设施和安全保护及其测量控制设备，如压力调控阀门、压力表、流量计等组成，其作用是通过压力表、流量计等测量设备检测系统运行状况。

动力机可以是电动机、柴油机和太阳能提供动力带动水泵工作。

过滤装置主要由砂石式过滤器、离心分离式过滤器、网式过滤器或叠片式过滤器组成。砂石式过滤器主要用于河湖、塘坝、渠道等地面水的初级过滤，去除菌类、藻类等微生物和漂浮物；离心分离式过滤器主要用于井水（或河水）泥沙的初级过滤，网式过滤器和叠片式过滤器是两种简单而有效的过滤设备，通常用于初级过滤器之后，也可在水质较好的地块单独使用。首部过滤器一般组合使用：砂石式-网式或叠片式、离心分离式-网式或叠片式。目前，现在多用自动反冲洗式过滤器。

施肥装置一般采用压差式施肥技术。主要是利用压力差使水进入施肥罐（事先装入化肥），水肥混合后流入灌溉管道。压差式施肥罐结构简单，操作容易。除了压差式施肥罐，注肥方式还有文丘里式施肥罐、泵注式施肥罐等。文丘里式施肥罐是利用供水管路上收缩管段负压把肥液吸入。应选用易溶于水并适于根施的肥料、农药、除草剂、化控药品，使其在施肥罐内充分溶解，防止堵塞灌水器，影响滴水效果。

流量和压力测量仪器用于测量管道中的流量及压力，一般有压力表、水表等；安全保护装置用来保证系统在规定压力范围内工作，消除管路中的气阻和真空等，一般有空气阀等；调节控制装置用于控制和调节滴灌系统的流量和压力，一般包括各种阀门，如闸阀、球阀、蝶阀等。面积较大的滴灌系统，一般推荐采用分区轮灌。

采用手动控制时，每一轮灌区均应安装球阀、闸阀等阀门。若采用自动控制，每一轮灌区均应安装一个或几个电磁阀。电磁阀由灌溉控制器控制。控制器类型既有简易的，也有复杂的计算机控制系统。

（三）输水管网

主要由干管、支管和毛管以及各种连接管件、压力调节装置、进排气阀等组成。管道和管件一般选用 PVC 或 PE 塑料材质，与管路配套的管件主要有正三通、异径三通、直通、弯头、堵头等塑料件。干管一般尽可能埋于冻土层以下，也可放置于地面；支管（辅管）置于地面或埋于地下。干管是输水系统，连接着每根支管，并向各支管分配水量；支管是控水系统，调节水压和控制水量，将毛管所要求的压力和流量供给毛管首端；毛管是直接向作物滴水的管道，它是滴灌系统末级管道，毛管与支管直接相连并设置在其一侧或两侧。

（四）毛管（灌水器）

灌水器（滴头），是整个滴灌系统中关键部件，直接影响到灌水质量的好坏。它是在一定的工作压力下，通过流道或孔口将毛管中的水流经过流道的消能及调解作用均匀、稳定地变成滴状或细流状滴入土壤作物根部的装置，满足作物对水、肥的需求。由于水稻生育期需水量多，灌水频繁，对灌水器的要求是出流量小、出水均匀、抗堵塞性能好、制造精度高、便于安装、坚固耐用、价格低廉等。毛管通常放在土壤表面或者浅埋固定，滴灌的灌水器一般采用单翼迷宫式滴灌带，若地势不平，也可以采用压力补偿式滴灌管。毛管铺设长短直接影响整个滴灌系统造价。

三、滴灌系统的分类

滴灌系统可以根据首部固定与否、获得压力方式、铺设方式、使用对象等方式进行分类。主要有以下几种分类方式：

（一）按首部固定与否分类

分为固定式滴灌系统和移动式滴灌系统。固定式滴灌系统是指首部枢纽、输配水管网、灌水器在整个灌溉季节位置固定不变的系统。移动式滴灌系统是指滴灌系统中部分或全部设备在灌溉季节移动的系统，主要是毛管在灌溉季节按设计要求进行移动的系统。实践证明，毛管移动式滴灌系统虽然节省了大量毛管和灌水器，降低了滴灌系统投资，但劳动强度太大。随着滴灌技术的进步和滴灌设备价格的降低，特别是滴灌管（带）价格的降低，移动式滴灌在集约化、规模化生产方面毫无竞争力，已逐渐被淘汰。首部移动式滴灌系统对于面积不大且分散承包经营的小农户而言，在无电并以渠水为水源的加压滴灌系统中有一定的实用性，它节约了干管产生的费用，但存在水源供水必须协调、一次灌水历时不能太长、设备能力能否发挥等问题，从优化设计、方便管理和经济性等方面综合而言，并不比优化设计的固定式系统优越。目前，新疆 99％以上的滴灌系统为固定式滴灌系统。

（二）按获得压力方式分类

分为自压滴灌系统和加压滴灌系统。当水源位于高处时首先应考虑自压滴灌系统，因为它的运行费用低，节约能源。自压滴灌系统和加压滴灌系统在设计理念上是完全不同的：在设计自压滴灌系统时，应尽量利用自然水头所产生的压力，以减小输配水管网管径，从而降低系统造价；在设计加压滴灌系统时，管网造价和能量消耗所产生的运行费用必须同时考虑，从经济上讲，二者之和最低的系统才是最佳系统，特别是作物生育期降水很少的纯灌溉农业区。

（三）按铺设方式分类

分为地上滴灌系统和地下滴灌系统。地上滴灌系统是指毛管和灌水器铺设于地表以上的滴灌系统；地下滴灌系统是指毛管和灌水器铺设于地表以下的滴灌系统。地上滴灌系统一般情况下，干管、支管均埋设于地下，而毛管和灌水器铺设于地表。果树滴灌系统也有利用树干将毛管和灌水器挂在空中的，毛管离地面约 40 cm。地下滴灌系统除首部枢纽外，输配水管网以及灌水器全部埋设于地表以下。

（四）按使用对象分类

分为大田滴灌系统、果树滴灌系统和保护地滴灌系统。滴灌技术是现代作物栽培技术措施之一，滴灌系统是为作物栽培服务的，不同的栽培对象有不同的问题和要求，必须有针对性才能产生良好的经济效益，因此它们使用的滴灌设备是不同的。大田滴灌系统必须首先解决降低投入和因每年耕作所带来的一系列问题，必须适应集约化生产和机械化生产的发展要求；果树滴灌应注意多年生作物的特点，滴灌设备必须质量好、运行可靠、使用年限长；保护地栽培，特别是大棚、温室群，作物种类繁多、生育阶段不一致、倒茬频繁等，为保证供水宜配置变频装置，并针对需水量最大作物，按随机取水模式进行设计，因一般情况下作物种植行很短，应采用专用小口径毛管。

（五）按压力补偿方式分类

分为压力补偿式滴灌系统和非压力补偿式滴灌系统。压力补偿式滴灌系统是指采用压力补偿式灌水器的滴灌系统。非压力补偿式滴灌系统是指采用一般非压力补偿灌水器的滴灌系统。压力补偿式灌水器是借助水流压力使灌水器内弹性部件或流道变形致使过水断面面积变化，实现灌水器流量稳定。压力补偿式灌水器能在一个较高的压力范围内保持灌水器流量不变，一般在地形复杂、起伏较大的山丘地或毛管必须铺设很长的情况下使用。压力补偿式灌水器构造复杂，制造偏差系数通常较大且价格较高，它们的性能受温度、材料疲劳强度的影响较大。随着弹性部件的疲劳和老化，补偿性能会降低，一般情况下建议设计成非压力补偿式滴灌系统。

（六）按自动化方式分类

分为手动控制系统、半自动控制系统、全自动控制系统。

1. 手动控制系统 系统的所有操作均由人工完成，如水泵、阀门的开启、关闭，灌溉时间的长短，何时灌溉等。这类系统的优点是成本较低，控制部分技术含量不高，便于使用和维护，很适合在我国广大农村推广。不足之处是使用的方便性较差，不适宜控制大面积的灌溉。

2. 半自动控制系统 系统中在灌溉区域没有安装传感器，灌水时间、灌水量和灌溉周期等均是根据预先编制的程序，而不是根据作物和土壤水分及气象资料的反馈信息来控制的。这类系统的自动化程度不等，有的一部分实行自动控制，有的是几部分进行自动控制。

3. 全自动控制系统 系统不需要人直接参与，通过预先编制好的控制程序和根据反映作物需水的某些参数可以长时间地自动启闭水泵和自动按一定的轮灌顺序进行灌溉。人的作用只是调整控制程序和检修控制设备。这种系统中，除灌水器、管道、管件及水泵、电机外，还包括中央控制器、自动阀、传感器（土壤水分传感器、温度传感器、压力传感器、水位传感器和雨量传感器等）及电线等。

第三节　滴灌设备

滴灌设备是滴水灌溉技术中所用的灌溉工具的组合总称。滴灌设备包括首部控制枢纽、干管、支管和辅管、毛管、管道附件。

一、首部控制枢纽

首部控制枢纽由水泵、过滤装置及施肥（药）装置等组成，如压力调节阀门、流量控制阀门、水表、压力表、排气阀、逆止阀等组成。

（一）水泵

水泵的作用是将水流加压至系统所需压力并将其输送到输水管网。滴灌系统所需要的水泵型号根据滴灌系统的设计流量和系统总扬程确定。当水源为河流和水库，且水质较差，需建沉淀池，一般选用离心泵。水源为机井时，一般选用潜水泵。

（二）过滤装置

任何水源中，都不同程度地含有各种杂质，而滴灌系统中灌水器出口的孔径很小，灌水器很容易被水源中的杂质堵塞。因此，对灌溉水源进行严格的过滤处理是滴灌中必不可少的首要步骤，是保障滴灌系统正常运行、延长灌水器使用寿命和保障灌溉质量的关键措施。

1. 旋流式水砂分离器　此类过滤器是根据重力和离心力的工作原理，清除密度比水大的固体颗粒，需要定期进行除砂清理，时间按照当地水质情况而定。开泵和停泵的瞬间水流不稳，会影响过滤效果。一般在地下水源中作为一级过滤器使用，与叠片过滤器或筛网式过滤器同时使用效果更好。

2. 砂石过滤器　此类过滤器是利用砂石作为过滤介质的一种过滤设备，主要清除水中的悬浮物（比如藻类），需要定期更换砂石，时间按照当地水质情况而定。一定要按照设计流量使用，流量过大会导致过滤精度下降，当进出口压降大于 0.07MPa 时，应进行反冲洗。一般在地表水源中作为一级过滤器使用，与叠片过滤器或筛网式过滤器同时使用效果更好。常用的过滤器技术规格见表 2-1、表 2-2。

表 2-1　旋流式水砂分离器技术规格

规格型号	LX-25	LX-50	LX-80	LX-100	LX-125	LX-150
尺寸 (mm)	420×250 ×550	500×300 ×830	800×500 ×1 320	950×600 ×1 700	1 350×1 000 ×2 400	1 400×1 000 ×2 600
流量 (m³/h)	1~8	5~20	10~40	30~70	60~120	80~160
连接方式	Dg25 锥管螺纹	Dg50 锥管螺纹	Dg80 法兰	Dg100 法兰	Dg150 法兰	Dg150 法兰
重量（kg）	9	21	51	90	180	225

表 2 - 2 　砂石过滤器技术规格

规格型号	SS - 50	SS - 80	SS - 100	SS - 125	SS - 150
罐体直径 （mm）	500	750	900	1 200	1 500
连接方式	Dg50 锥管螺纹	Dg80 法兰	Dg100 法兰	Dg125 法兰	Dg150 法兰
流量 （m³/h）	8～15	15～30	30～40	40～80	80～130
进出口内径 （mm）	50	80	100	125	150
进出口流速 （m³/s）	1.13～2.13	0.83～1.66	1.06～1.42	0.9～1.81	1.26～2.04
每 667 m² 灌溉面积	36～68	136～273	273～364	364～727	727～1 182

3. 筛网式过滤器　此类过滤器的过滤介质是尼龙筛网或者不锈钢筛网，杂质在经过过滤器时，会被筛网拦截在筛网内壁，主要清除水中的各种杂质，需要定期清洗过滤器的筛网，一般建议每次灌溉后都清洗。此类过滤器在安装过程中必须按照规定的进水方向安装，不可反向使用；如果发现筛网或者密封圈损坏，必须及时更换，否则将失去对水的过滤效果。一般配合旋流式水砂分离器和砂石过滤器作为二级过滤器使用（表 2 - 3）。

表 2 - 3 　筛网式过滤器

规格型号	WS - 160×50	WS - 160×80	WS - 200×100
罐体直径 （mm）	160	160	200
连接方式	Dg50 锥管螺纹	Dg80 法兰	Dg110 法兰
流量 （m³/h）	5～20	10～40	20～80
进出口直径 （mm）	50	80	100

4. 叠片过滤器　此类过滤器采用带沟槽的塑料圆片作为过滤介质，杂质在经过过滤器时会被塑料圆片拦截在圆片外，主要清除水中各种杂质。需要定期清洗过滤器，时间按照当地水质情况而定。此类过滤器在安装过程中必须按照规定的进水方向安装，不可

反向使用。一般旋流式水砂分离器和砂石过滤器作为二级过滤器使用。

（三）常用的施肥（药）装置

1. 压差式施肥装置 此类施肥装置是在施肥阀的两个副阀形成压力差，并利用这个压力差，将肥料（农药）注入系统。此类施肥装置操作简单，使用范围大，但是肥液浓度会在施肥过程中逐渐变低，不能准确知道施肥量。在使用过程中，注意施肥罐的盖子要拧紧。

2. 文丘里施肥装置 此类施肥装置是利用文丘里原理将肥料（农药）注入系统。此类施肥装置构造简单，使用方便，施肥比例准确，肥液浓度恒定，但需要与主管路并联来克服水头损失较大的缺点。在使用过程中，注意调整施肥的速度。

3. 施肥泵 此类施肥泵依靠水压来驱动内部活塞，将肥料注入系统。此类施肥泵施肥的结构比较复杂，对水压要求较高，肥液比例准确，肥液浓度恒定，价格比较高。在使用过程中，要注意调整施肥的比例。为了确保滴灌系统施肥时运行正常，需要注意以下几点：①施肥装置必须安装在水源和过滤器之间，防止堵塞灌水器；②施肥（药）后需用清水冲洗管道，防止设备腐蚀；③水源与施肥装置之间必须安装逆止阀，防止污染水源；④施肥前先将肥料溶解，取上清液倒入肥料桶里面。

二、干管

干管为滴灌系统输送全部灌溉水量，根据滴灌系统灌溉面积可采用一级或两级干管系统，一级干管系统只有一条主干管。两级干管系统由一条主干管和若干条分干管组成，干管均采用给水用 UPVC 管（表 2 - 4），管长一般为 10 m，一端扩口，两管采用承插方式连接，胶圈止水。目前，膜下滴灌水稻采用的主要是新疆天业（集团）有限公司的产品，该产品已通过国家 ISO 9002 质量体系认证。

表 2 - 4　UPVC 管技术规格参数

外径 （mm）	外径 公差 （mm）	工作压力等级					
		0.4MPa		0.6MPa		1MPa	
		壁厚及公差（mm）	近似重量（kg/m）	壁厚及公差（mm）	近似重量（kg/m）	壁厚及公差（mm）	近似重量（kg/m）
63	±0.5	1.4±0.4	0.43	2.0±0.4	0.59	3.0±0.5	0.86
75	±0.5	1.7±0.4	0.61	2.2±0.5	0.81	3.6±0.6	1.23
90	±0.7	2.0±0.4	0.85	2.7±0.5	1.27	4.3±0.7	1.82
110	±0.8	2.5±0.4	1.3	3.2±0.6	1.68	4.8±0.8	2.59
125	±1.0	2.9±0.6	1.71	3.7±0.6	2.38	5.4±0.9	3.41
160	±1.2	3.7±0.7	2.78	4.7±0.8	3.64	7.0±1.1	5.53
200	±1.5	4.6±0.8	4.29	5.9±0.9	5.77	8.7±1.4	8.63
250	±1.8	6.8±1.2	7.78	9.4±1.1	8.72	10.9±1.7	12.84

三、支管和辅管

　　支管和辅管在滴灌系统中起控制滴灌带适宜长度、划分轮灌区的作用，滴灌水稻现在主要运用的是直径为 110 mm 的薄壁 PE 管作为支管，不架设辅管系统。

四、毛管

　　1. 滴喷头　滴喷头从结构上分为折射式和旋转式两种。其中，折射式滴喷头主要用于降温加湿，旋转式滴喷头主要用于灌溉。旋转式滴喷头可以采用倒挂和地插两种方式安装，折射式滴喷头主要采用倒挂安装。采取倒挂安装时，一定要安装防滴器。滴喷头主要用于温室花卉、露地花卉的灌溉和降温加湿。

　　2. 滴头　滴头按压力分为压力补偿式和费压力补偿式两种。

其中，压力补偿式滴头主要用于长距离或者存在高差的地方铺设，非压力补偿式用于短距离铺设。一般分为 2 L/h、4 L/h、8 L/h。滴头主要用于盆栽花卉的灌溉，通常是配合滴箭使用。

3. 滴箭　滴箭由 Φ4 的 PE 管和滴箭头及专用接头连接后插入毛管而成，主要用于盆栽花卉、无土栽培等。

4. 滴灌管　滴灌管是指滴头与毛管制造成一个整体，兼备配水和滴水功能的管。滴灌管有压力补偿式和非压力补偿式之分。压力补偿式主要用于长距离铺设或者是起伏地形中铺设。滴灌管在设施内和露天都可以使用，相对滴灌带而言，滴灌管的使用寿命稍长，但是价格比滴灌带高。

5. 滴灌带　目前国内外大量使用且性能较好的滴灌带为单翼迷宫式滴灌带（表 2-5）、中缝式滴灌带、内镶贴片式滴灌带和内镶连续贴条式滴灌带。滴灌带由于管壁较薄，一般建议在设施内使用。相对滴灌管而言，滴灌带的使用寿命稍短，但是价格比滴灌管便宜。滴灌管（带）在铺设的时候，一定要出水口朝上。

表 2-5　单翼迷宫式滴灌带技术规格表

规格	内径 （mm）	壁厚 （mm）	滴孔间距 （mm）	流量 （L/h）	滴头工作压力 （MPa）
200 - 2.5	16	0.18	200	2.5	0.05～0.1
300 - 1.8	16	0.18	300	1.8	0.05～0.1
300 - 2.1				2.1	
300 - 2.4				2.4	
300 - 2.6				2.6	
300 - 2.8				2.8	
300 - 3.2				3.2	
400 - 1.8	16	0.18	400	1.8	0.05～0.1
400 - 2.5				2.5	

6. 喷水带　喷水带是采用特殊的激光打孔方法生产的多孔滴喷灌带，具有喷水柔和、适量、均匀，水压低、成本低，铺设、移动、收卷和保管简单方便等优点。主要使用在露天花卉的栽培中。

五、管道附件

滴灌系统管道附件分为管材连接件和控制件两种。管材连接件简称管件，管件的作用是按照滴灌设计和地形地貌的要求将管道连接成一定的网络形状；控制件的作用是控制和量测管道系统水流的流量和压力大小，如阀门、压力表、流量表等。现用滴灌系统的管道附件有如下几种：

（一）干管附件

1. 90°弯头　Φ90、Φ110、Φ160、Φ200、Φ250。

2. 正三通　Φ90、Φ110、Φ160、Φ200、Φ250。

3. 管箍　Φ90、Φ110、Φ160、Φ200、Φ250。

4. 异径三通　Φ110×63×110、Φ160×90×160、Φ160×110×160、Φ200×110×200、Φ200×160×200、Φ250×160×250。

5. 异径接头　Φ90×63、Φ110×63、Φ110×90、Φ110×110、Φ200×160、Φ250×200。

6. 平承法兰　Φ90、Φ110、Φ160、Φ200。

7. 管堵　Φ63、Φ110、Φ160。

8. 蝶阀　Φ90、Φ110、Φ160、Φ200、Φ250。

（二）支管与干管连接的管件

膜下滴灌水稻所用的新疆天业（集团）有限公司的滴灌系统干管为地埋管，支管为地面铺设，干管通过增接口上安装出地管与支管连接，其管件主要有以下几种：

1. 增接口　Φ110×63、Φ110×75、Φ160×63、Φ160×75、Φ200×63、Φ200×75。

2. 外丝　Φ63×2″、Φ75×2.5″。

3. PVC球阀　Φ1″、Φ1.5″、Φ2″、Φ2.5″。

4. 中心阳螺纹三通　Φ63×2″×63、Φ75×2×75″。

5. 中心阳螺纹承插三通　Φ63×2″×63、Φ75×2×75″。

6. 三通　2″阳×2″阴×2″阳、2.5″阳×2.5″阴×2.5″阳。

7. 阳螺纹直通　Φ63×2″、Φ75×2.5″。

8. 阳螺纹承插直通　Φ63×2″、Φ75×2.5″。

9. 弹簧卡　Φ32、Φ40、Φ63、Φ75。

10. 直通（厚壁支管用）　Φ32、Φ40、Φ63、Φ75。

11. 堵头（厚壁支管用）　Φ63、Φ75。

12. 支管与辅管的连接件。

13. 鞍座（厚壁支管用）　Φ63×1″、Φ75×1.5″。

14. 中心阳螺纹承插三通（薄壁支管和辅管用）　Φ63×1″×63、Φ75×1.5″×75。

15. 中心阳螺纹三通（厚壁支管和辅管用）　Φ32×1″×32、Φ40×1.5″×40。

16. 辅管与毛管的连接件。

17. 按扣三通（厚壁支管用）　Φ16×16×16。

18. 堵头（厚壁辅管用）　Φ32、Φ40。

第四节　滴灌施肥施药设备

　　向滴灌系统的压力管道内注入可溶性肥料或农药溶液的设备称为滴灌施肥施药装置。为了确保滴灌灌溉系统在施肥施药时运行正常并防止水源污染，必须注意以下几点：第一，化肥或农药的注入一定要放在水源与过滤器之间，肥（药）液先经过过滤器之后再进入灌溉管道，使未溶解的化肥和其他杂质被清除掉，以免堵塞管道及灌水器。第二，施肥和施药后必须利用清水把残留在系统内的肥（药）液全部冲洗干净，防止设备被腐蚀。第三，在化肥或农药输液管出口处与水源之间一定要安装逆止阀，防止肥（药）液流进水源，更严禁直接把化肥和农药加进水源而造成环境污染。常用的滴灌施肥方式有文丘里注入式和压差式。施肥施药装置一般安装在过滤器之前，以防造成堵塞。

　　由于文丘里施肥器会造成较大的压力损耗，通常安装时加装一个小型增压泵（图2-2）。一般厂家均会告知产品的压力损耗，设计时根据相关参数配置加压泵或小增加泵（表2-6）。

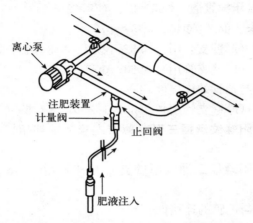

图2-2　配置增压泵的文丘里施肥器

表2-6　文丘里管道的水流

型号	压力损耗（％）	流经文丘里管道的水流量（L/min）	吸肥量（L/h）
9	50	7.94	132.4
10	32	45.4	529.9
11	35	136.2	1 324.7
12	67	109.7	4 277

　　注：流经文丘里管道的水流量为压力0.35 MPa时测定。

　　文丘里施肥器的操作需要有过量的压力来保证必要的压力损耗，施肥器入口稳定的压力是养分浓度均匀的保证。压力损耗量占入口处压力的百分数来表示，吸力产生需要损耗入口压力的20％以上，但是两级文丘里施肥器只需损耗10％的压力。吸肥受入口浮力、压力损耗和吸管直杆影响，可通过控制阀和调节阀来调整。

文丘里施肥器可安装于管路上（串联安装，图2-3）或者作为管路的旁通件安装（并联安装，图2-4）。在温室作为旁通件安装的施肥器其水流由一个辅助水泵加压。

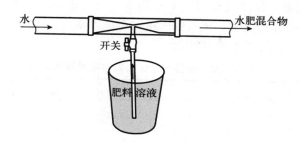

图2-3　文丘里施肥器串联安装

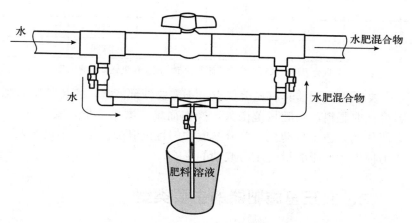

图2-4　文丘里施肥器并联安装

一、文丘里施肥器的主要工作参数

1. 压差　压差（$P_进 - P_出$）常被表达成进口压力的百分比。只有当此值降到一定值时，才开始抽吸。如前所述，这一值约为1/3的进口压力，某些类型高达50%，较先进的可小于15%。表

2-7列出了压力差与吸肥量的关系。

2. 抽吸量 指单位时间里抽吸液体肥料的体积，单位为 L/h。抽吸量可通过一些部件调整。

3. 流量 指流过施肥器本身的水流量。进口压力和喉部尺寸影响着施肥器的流量。流量范围由制造厂家给定。每种类型只有在给定的范围内才能准确地运行。

表 2-7 文丘里施肥器压力差与吸肥量的关系

入口压力 (kPa)	出口压力 (kPa)	压差 (kPa)	吸肥流量 (L/h)	主管流量 (L/h)	总流量 (L/h)
150	60	90	0	1 260	1 260
150	30	120	321	2 133	2 454
150	0	150	472	2 008	2 480
100	20	80	0	950	950
100	0	100	354	2 286	2 640

注：表中数据为天津水利科学研究所研制的单向阀文丘里施肥器测定值。

文丘里施肥器具有显著优点，不需要外部能源，直接从敞口肥料罐吸取肥料，吸肥量范围大，操作简单。磨损率低，安装简易，方便移动，适于自动化，养分浓度均匀且抗腐蚀性强。不足之处为压力损失大，吸肥量受压力波动的影响。

二、文丘里施肥器的主要类型

1. 简单型 这种类型结构简单，只有射流收缩段，无附件。因水头损失过大，一般不宜采用。

2. 改进型 灌溉管网内的压力变化可能会干扰施肥过程的正常运行或引起事故。为防止这些情况发生，在单段射流管的基础上，增设单向阀和真空破坏阀。当产生抽吸作用的压力过小或入口压力过低时，水会从主管道流进储肥罐以至产生溢流。在抽管前安装一个单向阀或在管道上装一球阀均可解决这一问题。当文丘里施肥器的吸入室为负压时，单向阀的阀芯在吸力作用下打开，开始吸肥。当吸入室为正压力时，单向阀阀芯在水压作用下关闭，防止水从吸入口流出。

当敞口肥料桶安放在田块首部时，罐内肥液可能在灌溉结束时因出现负压而被吸入主管，再流至田间最低处，既浪费肥料又可能烧伤作物。在管路中安装真空破坏阀，无论系统中何处出现局部真空都能及时补进空气。有些制造厂提供各种规格的文丘里喉部，可按所需肥料溶液的数量进行调换，以使肥料溶液吸入速率稳定在要求的水平上。

3. 两段式　国外研制了改进的两段式结构。这使得吸肥时的水头损失只有入口处压力的 $12\%\sim15\%$，因而克服了文丘里施肥器的缺陷，并获得了广泛的应用。不足之处是流量相应降低了（图 $2-5$）。

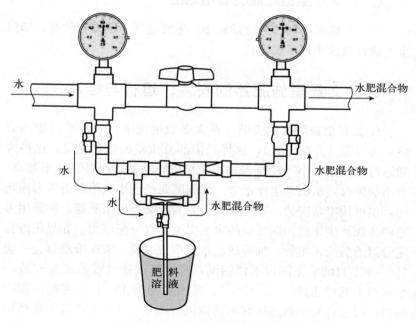

图 $2-5$　两段式文丘里施肥器

三、文丘里施肥器的优缺点及适用范围

（一）文丘里施肥器的优缺点

1. 文丘里施肥器的优点　设备成本低，维护费用低。施肥过程中维持均一的肥液浓度，施肥过程不需外部动力。设备重量轻，便于移动和用于自动化系统施肥时肥料罐为敞开环境，便于观察施肥进程口。

2. 文丘里施肥器的缺点　施肥时系统水头压力损失大。为了补偿水头损失系统中要求较高的压力。施肥过程中的压力波动变化大。为使系统获得稳压，需配备增压泵。不能直接施用固体肥料，需把固体肥料溶解后施用。

（二）文丘里施肥器的适用范围

文丘里施肥器因其出流量较小，主要适用于小面积种植，如温室大棚种植或小规模农田。

四、文丘里施肥器的安装、运行与控制

1. 文丘里施肥器的安装　在大多数情况下，文丘里施肥器安装在旁通管（并联安装），这样只需部分流量经过射流段。这种旁通运行可使用较小（较便宜）的文丘里施肥器，而且更便于移动。当不加肥时，系统也运作正常。当施肥面积很小且不考虑压力损耗时，也可用串联安装。在旁通管上安装的文丘里施肥器，常采用旁通调压阀产生压差。调压阀的水头损失足以分配压力。如果肥液在主管过滤后流入主管，抽吸的肥水要单独过滤。常在吸肥口包一块100～120目的尼龙网或不锈钢网，或在肥液输送管的末端安装一个耐腐蚀的过滤器（1/2″或1″），筛网规格为120目。有的厂家产品出厂时已在管末端连接好不锈钢网（图2-6）。输送管末端结构应便于检查，必要时可进行清洗。肥液罐（或桶）应低于射流管，

以防止肥液在不需要时自压流入系统。并联安装方法可保持出口端的恒压，适合于水流稳定的情况。当进口处压力较高时，在旁通管入口端可安装一个小的调压阀，这样在两端都有安全措施。因文丘里施肥器对运行时的压力波动很敏感，应安装压力表进行监控。一般在首部系统都会安装多个压力表。节制阀两端的压力表可测定节制阀两端的压力差。一些更高级的施肥器本身即配有压力表供监测运行压力（图 2-7）。

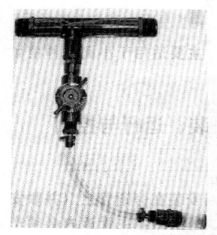

图 2-6　吸肥口带过滤装置的　　图 2-7　带压力表的文丘里施肥器
　　　　 文丘里施肥器

2. 文丘里施肥器的运行及控制　　虽然文丘里施肥器可以按比例施肥，在整个施肥过程中保持恒定浓度供应，但在制订施肥计划时仍然按施肥数量计算。比如，一个轮灌区需要多少肥料要事先计算好。如用液体肥料，则将所需体积的液体肥料加到储肥罐（或桶）中。如用固体肥料，则先将肥料溶解配成母液，再加入储肥罐，或直接在储肥罐中配制母液。当一个轮灌区施完肥后，再安排下一个轮灌区。当需要连续施肥时，对每一轮灌区先计算好施肥量。在确定施肥速度恒定的前提下，可以通过记录施肥时间或观察施肥桶内壁上的刻度来为每一轮灌区定量。对于有辅助加压泵的施肥器，在了解每个轮灌区施肥量（肥料母液体积）的前提下，安装一个定时器来控制加压泵的运行时间。在自动灌溉系统中，可通过控制器控制不同轮灌区的施肥时间。当整个施肥可在当天完成时，可以统一施肥后再统一冲洗管道，否则必须将施过肥的管道当日冲洗。冲洗的时间要求同旁通罐施肥法。

五、重力自压式施肥法

1. 基本原理 在应用重力滴灌或微喷灌的场合，可以采用重力自压式施肥法。在南方丘陵山地果园或茶园，通常引用高处的山泉水或将山水源泵至高处的蓄水池。通常在水池旁边高于水池液面处建立一个敞口式混肥池，池大小为 $0.5 \sim 5$ 米^3。可以是方形或圆形，方便搅拌溶解肥料即可。池底安装肥液流出的管道，出口处装 PVC 球阀，此管道与蓄水池出水管连接。池内用 $20 \sim 30$ cm 长的大管径，管入口用 $100 \sim 120$ 目尼龙网包扎。为扩大肥料的过流面积，通常在管上钻一系列的孔，用尼龙网包扎（图 2-8）。

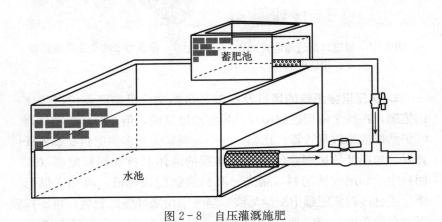

图 2-8 自压灌溉施肥

2. 运行与调控 施肥时，先计算好每轮灌区需要的肥料总量，倒入混肥池，用水溶解；或溶解好直接倒入。打开主管道阀门，开始灌溉，然后打开混肥池的管道，肥液即被主管道的水流稀释带入灌溉系统。通过调节球阀的开关位置，可以控制施肥速度。当蓄水池的液位变化不大时（丘陵山地果园许多情况下，一边灌溉一边抽水至水池），施肥的速度可以相当稳定，保持一恒定养分浓度。如采用滴灌施肥，施肥结束后需继续灌溉一段时间，冲洗管道管，淋水肥则无此必要。通常混肥池用水泥建造坚固耐用，造价低，也可直接用塑料桶作混肥池用。

有些用户直接将肥料倒入蓄水池，灌溉时将整池水放干净。由于蓄水池通常体积很大，要彻底放干水很不容易，也有养分附着，会残留一些肥液在池中。加上池壁清洗，当重新蓄水时，极易滋生藻类、青苔等，堵塞过滤设备，应用重力自压式灌溉施肥。当采用滴灌时，一定要将混肥池和蓄水池分开，二者不可共用。

图2-9　温室大棚微重力滴灌施肥

六、静水微重力自压施肥法

　　静水微重力自压施肥法曾被国外某些公司在我国农村提倡推广，其做法是在棚中心部位将储水罐架高 80～100 cm，将肥放入敞开的储水罐中溶解，肥液经过罐中的筛网过滤器过滤后靠水的重力滴入土壤。在山东省中部蔬菜栽培区，某些农户利用在棚内山墙一侧修建水池替代储水罐，肥料溶于池中，池的下端设有出水口，利用水重力法灌溉施肥。这种方法水压很小，仅适合于面积小于

300 m² 且纵向长度小于 40 m 的大棚。面积更大时很难保证出水均匀。利用自重力施肥由于水压很小（通常在 3 m 以内），用常规的过滤方式（如叠片过滤器或筛网过滤器）。由于过滤器的堵水作用，往往使灌溉施肥过程无法进行。在重力滴灌系统中可用下面的方法解决过滤问题。在蓄水池内出水口处连接一段 1～1.5 m 长的 PVC 管，管径为 100 mm 或 110 mm。在管上钻直径 30～40 mm 的圆孔，圆孔数量越多越好，将 120 目的尼龙网缝制成管大小的形状，一端开口，直接套在管上，开口端扎紧。用此方法大大地增加了进水面积，虽然尼龙网也照样堵水，但由于进水面积增加，总的出流量也增加。混肥池内也用同样方法解决过滤问题。当尼龙网变脏时，更换一个新网或洗净后再用。经几年的生产应用，效果很好。

七、旁通施肥罐

（一）基本原理

旁通施肥罐也称为压差式施肥罐，由两根细管（旁通管）与主管道相连接，在主管道上两条细管接点之间设置一个节制阀（球阀或闸阀）以产生一个较小的压力差（1～2 m 水压），使一部分水流流入施肥罐，进水管直达罐底。水溶解罐中肥料后，肥料溶液由另一根细管进入主管道，将肥料带到作物根区。肥料罐是用抗腐蚀的陶瓷衬底或镀锌铸铁、不锈钢或纤维玻璃做成，以确保经得住系统的工作压力和抗肥料腐蚀。在低压滴灌系统中，由于压力低（约 10 m 水压），也可用塑料罐。固体可溶性肥料在肥料罐里逐渐溶解，液体肥料则与水快速混合。随灌溉进行，肥料不断被带走，肥料溶液不断被稀释，养分浓度越来越低，最后肥料罐里的固体肥料都流走了。该系统较简单、便宜，不需要用外部动力就可以达到较高的稀释倍数。然而，该系统也存在一些缺陷，如无法精确控制灌溉水中的肥料注入速率和养分浓度，每次灌溉之前都得重新将肥料装入施肥罐内。节流阀增加了压力的损失，而且该系统不能用于自动化操作。肥料罐常做成 10～300 L 的规格。一般温室大棚小面积地块用体积小的施肥罐，大田轮灌区面积较大的地块用体积大的施肥罐。

（二）优缺点及适用范围

1. 旁通施肥罐的优缺点

（1）旁通施肥罐的优点　设备成本低，操作简单，维护方便。适合施用液体肥料和水溶性固体肥料，施肥时不需要外加动力。设备体积小，占地少。

（2）旁通施肥罐的缺点　为定量化施肥方式，施肥过程中的肥液浓度不均，易受水压变化的影响。存在一定的水分损失，移动性差，不适宜用于自动化作业。锈蚀严重，耐用性差，由于罐口小，倒肥不方便。特别是轮灌区面积大时，每次的肥料用量大，而罐的体积有限，需要多次倒肥，降低了工作效率。

2. 旁通施肥罐的适用范围
　旁通施肥罐适用于包括温室大棚、大田种植等多种形式的水肥一体化灌溉施肥系统。对于不同压力范围的系统，应选用不同材质的施肥罐，因不同材质的施肥罐其耐压能力不同。

3. 旁通施肥罐的安装
　旁通施肥罐是水肥一体化灌溉施肥系统的一种重要的施肥形式。一般而言，旁通施肥罐安装在灌溉系统的首部，过滤器和水泵之间安装时，沿主管水流方向，连接两个异径三通并在三通的小口径端装上球阀，将上水端与旁通施肥罐的一条细管（此管必须延伸至施肥罐底部，便于溶解和稀释肥料），主管下水口端与旁通施肥罐的另一细管相连。

4. 旁通施肥罐的运行
　旁通施肥罐的操作运行顺序如下：

（1）根据各轮灌区具体面积或作物株数（如果树）计算好当次施肥的数量，称好或量好每个轮灌区的肥料。

（2）用两根各配有阀门的管子将旁通管与主节接通，为便于移动每根管子配用快速接头。

（3）将液体肥直接倒入施肥罐。若用固体肥料则应先行单独溶解，并通过滤网注入施肥罐。有些用户将固体肥直接投入施肥罐，使肥料在灌溉过程中溶解。这种情况下用较小的罐即可，但需要 5 倍以上的水量才能确保所有肥料被用完。

（4）注完肥料溶液后，扣紧罐盖。

（5）检查旁通管的进出口阀均关闭而节制阀打开，然后打开主管道阀门。

（6）打开旁通进出口阀，然后慢慢地关闭节制阀，同时注意观察压力表，得到所需的压差（1~3 m 水压）。

（7）对于有条件的用户，可以用电导率仪测定施肥所需时间，否则用 Amos Teitch 的经验公式估计施肥时间。施肥完后关闭进出口阀门。

（8）要施下一罐肥时，必须排掉部分罐内的积水。在施肥罐进水口处应安装一个 1/2 的进排气阀或 1/2 的球阀。打开罐底的排水开关前，应先打开排气阀或球阀，否则水排不出去。

5. 旁通施肥罐使用注意事项

（1）当罐体较小时（小于 100 L），固体肥料最好溶解后倒入肥料罐，否则可能会堵塞罐体。特别在压力较低时可能会出现这种情况。

（2）有些肥料可能含有一些杂质，倒入施肥罐前先溶解过滤网 100~120 目。如直接加入固体肥料必须在肥料罐出口处安装一个 1/2 的筛网式过滤器，或者将肥料罐安装在主管的过滤器之前。

（3）每次施完肥后，应对管道用灌溉水冲洗，将残留在管道中的肥液排出。一般滴灌系统 20~30 min，微喷灌 5~10 min。对喷灌系统无要求。如有些滴灌系统轮灌区较多，而施肥要求尽量短的时间完成，可考虑测定滴头处电导率的变化来判断清洗的时间。一般的情况是一个首部的灌溉面积越大，输水管道越长，冲洗的时间也越长。冲洗是个必需过程。因为残留的肥液存留在管道和滴头处，极易产生藻类、青苔等，堵塞滴头；在灌溉水硬度较大时，残存肥液在滴头处形成沉淀，造成堵塞。据调查，大部分灌溉施肥后滴头堵塞都与施肥后没有及时冲洗有关。及时冲洗基本可以防止此类问题发生。但在雨季施肥时，可暂时不洗管，等天气晴朗时补洗，否则会造成过量灌溉淋洗肥料。

（4）肥料罐需要的压差由入水口和出水口间的节制阀获得。因为灌溉时间通常多于施肥时间，不施肥时节制阀要全开。经常性地调节阀门可能会导致每次施肥的压力差不一致（特别是当压力表量程太大时，判断不准），从而使施肥时间把握不准确。为了获得一个恒定的压力差，可以不用节制阀门，代之以流量表（水表）。水流流经水表时会造成微小压差，这个压差可供施肥罐用。当不施肥时，关闭施肥罐两端的细管，主管上的压差仍然存在。在这种情况下，不管施肥与否，主管上的压力都是均衡的。因这个由水表产生的压差是均衡的，无法调控施肥速度，所以只适合深根的作物。对浅根系作物在雨季要加快施肥，这种方法不适用。

第五节　滴灌系统规划设计

规划是滴灌工程设计的前提，它制约着滴灌工程投资、效益和运行管理等多方面指标，关系到整个滴灌工程的质量优劣及其合理性，是决定滴灌工程成败的重要工作之一。因此，一个滴灌工程在实施之前应进行细致的研究和精心的规划。

一、设计参数的确定

1. 设计保证率　应根据自然条件和经济条件确定，滴灌不应低于 85%。

2. 灌溉水的利用率　应不低于 90%。

3. 设计系统的日工作小时　应根据不同水源和农业技术条件确定，一般不宜大于 20 h。

4. 滴头设计工作水头　应取所选滴头的额定工作水头，或由滴头压力与流量关系曲线确定。灌水器的工作水头越高，灌水均匀度越高，但系统的运行费用越大。灌水器的设计工作水头应根据地形和所选用的灌水器的水力性能决定。单翼迷宫式滴灌带的工作压力最好在 0.05～0.1 MPa。

5. 滴灌设计土壤湿润比（P）　设计土壤湿润比是指被湿润土体体积与计划土壤湿润层总土体体积的比值。常以地面以下 20～30 cm 处的平均湿润面积与作物种植面积的百分比近似地表示。

毛管为单行直线布置时，其湿润比按下式计算：

$$P = \frac{0.785 D_w^2}{S_e \times S_l} \times 100\%$$

式中：P——地表以下 30 cm 处湿润面积占作物种植面积的
比例，%；

D_w——土壤水分水平扩散直径或湿润带宽度，m，它的
大小取决于土壤质地、滴头流量和灌水量大小；

S_e——滴头间距，m；

S_l——毛管间距，m。

6. 设计耗水强度　应采用作物耗水强度峰值，并应由当地试验资料确定。无实测资料时，采用膜下滴灌的粮、棉、油等大田作物，可选择 3～6 mm/d。

7. 计划土壤湿润层深度　不同作物不同生育阶段的计划湿润层深度不一样，根据各地的经验，各种作物的适宜土壤湿润层深度为：蔬菜 0.2～0.3 m、大田作物 0.3～0.6 m、果树 1.0～1.2 m。

二、控制面积的确定

设计时应该首先进行水量平衡计算，以确定合理的控制面积。水源为机井时，应根据机井出流量确定最大可能的控制面积。水源为河、塘、水渠时，应同时考虑水源水量和经济两方面的因素确定最佳控制面积。目前，渠水滴灌系统一个首部控制的灌溉面积一般为 66.7～133.3 hm²。根据以往设计经验，较为经济的控制面积为 66.7 hm²，最好不要超过 100 hm²，而且大多数是灌溉单一

作物。

在水源供水流量稳定且无调蓄能力时，可用下式确定滴灌面积：

$$A = \frac{\eta Q t}{10 I_a}$$

式中：η——灌溉水利用系数；

$\quad\quad A$——滴灌面积，hm^2；

$\quad\quad Q$——可供流量，m^3/h；

$\quad\quad t$——水源每日供水时数，h；

$\quad\quad I_a$——设计供水强度，mm/d。

在水源有调蓄能力且调蓄容积已定时，可按下式确定滴灌面积：

$$A = \frac{nKV}{10 \sum I_i T_i}$$

式中：n——蓄水利用系数，$n = 0.6 \sim 0.7$；

$\quad\quad K$——塘坝复蓄系数，$K = 1.0 \sim 1.4$；

$\quad\quad V$——蓄水工程容积，m^3；

$\quad\quad I_i$——灌溉季节各月的毛供水强度，mm/d；

$\quad\quad T_i$——灌溉季节各月的供水天数，d。

三、灌溉制度

1. 设计灌水定额　应根据当地试验资料按下面公式之一计算：

$$m = 0.1 \gamma Z P (\theta_{max} - \theta_{min}) / \eta$$
$$或\ m = 0.1 Z P (\theta'_{max} - \theta'_{min}) / \eta$$

式中：m——设计灌水定额，mm；

$\quad\quad \gamma$——土壤容重，g/cm^3；

$\quad\quad Z$——计划土壤湿润层深度，m；

$\quad\quad P$——湿润比，%；

θ_{max}、θ_{min}——适宜土壤含水率上、下限（占干土重的百分比），θ'_{max} 可取田间持水率的 90%，θ'_{min} 可取田间持水率的 60%；

$\theta'_{\max}$、$\theta'_{\min}$——适宜土壤含水率上、下限（占土壤体积百分比），$\theta_{\max}$ 可取田间持水率的 90%，$\theta'_{\min}$ 可取田间持水率的 60%；

η——灌溉水利用系数。

上式求得的灌水定额为作物需水高峰期的值。

表 2-8　不同土壤的物理特性表

土壤质地	容重（g/cm³）	田间持水量		凋萎系数	
		重量（%）	体积（%）	重量（%）	体积（%）
沙土	1.45~1.80	16~20	26~32		
沙壤土	1.36~1.54	22~30	32~40	4~6	5~9
轻壤土	1.40~1.52	22~28	30~36	4~9	6~12
中壤土	1.40~1.55	22~28	30~35	6~10	8~15
重壤土	1.38~1.54	22~28	32~42	6~13	9~18
轻黏土	1.35~1.44	28~32	40~45	15	20
中黏土	1.30~1.45	25~35	35~45	12~17	17~24
重黏土	1.32~1.40	30~35	40~50		

2. 设计灌水周期　指在设计灌水定额和设计日耗水量的条件下，能满足作物需要，两次灌水之间的最长时间间隔。可按下式计算：

$$T = (m/Ea)\,\eta$$

式中：T——设计灌水周期，d；

Ea——设计耗水强度，mm/d。

按上式求得的值为作物需水高峰期的灌水周期。

3. 一次灌水延续时间　按下式计算：

$$t_r = m \cdot S_e \cdot S_l / (\eta q_d)$$

式中：t_r——一次灌水延续时间，h；

q_d——设计滴头流量，L/h。

4. 灌水次数与灌水总量　灌水总量应由当地灌溉试验资料确定，无试验资料时，可根据当地的气象资料按彭曼法计算，计算出总需水量后，应根据作物各生育期的需水量确定不同时期的灌水定额及灌水周期，确定总的灌水次数，合理分配灌溉水量。

四、滴灌灌水均匀度

1. 滴灌均匀系数　灌水器设计允许流量偏差率 q_v 应不大于20%，设计灌水均匀度不应低于 0.95。

2. 灌水小区允许水头偏差　滴头工作水头偏差率 h_v 与流量偏差率 q_v 之间的关系可用下式表示：

$$h_v = \frac{q_v}{x}\left(1 + 0.15\frac{1-x}{x}q_v\right)$$

式中：x——滴头流态指数。

灌水小区允许水头偏差按下式计算：

$$[\Delta H] = h_v \times h_d$$

式中：$[\Delta H]$——灌水小区允许水头偏差，m；

　　　h_d——设计滴头工作水头，m。

五、管网水力计算及设计

1. 毛管设计

（1）滴灌带的选型　毛管的设计就是选择滴灌带型号，确定其长度，计算水头损失。应根据不同的土壤性质、作物种类，选择合理型号的滴灌带。不同类型土壤，其水的垂直入渗能力和横向扩散能力不同，沙性土壤应选择滴头流量大、间距小的滴灌带，黏性土壤应选择滴头流量小、间距大的滴灌带。地形高差大的农田和果树宜选用管上式（补偿滴头）滴灌管。

（2）水平毛管极限滴头个数的确定　按下式计算：

$$N_m = INT\left[\frac{5.446[\Delta h_2]d^{4.75}}{kSq_d^{1.75}}\right]^{0.364}$$

式中：N_m——毛管的极限分流孔数；

$[\Delta h_2]$——毛管的允许水头差，m；$[\Delta h_2] = \beta_2 [\Delta h]$，$\beta_2$
应经过技术经济比较确定，对于平地 β_2 可取
0.55；$[\Delta h]$ 为灌水小区允许水头差，m；

d——毛管内径，mm；

k——水头损失扩大系数，一般为 1.1~1.2；

S——毛管上滴头的间距，m。

（3）均匀坡毛管极限滴头个数的确定　坡地铺设的毛管极限滴头个数计算比较复杂，可参照《微灌工程技术规范》（GB/T 50485—2009）附录 C 所介绍的方法及公式进行计算确定。

（4）确定毛管极限长度（L_m）按下式计算：

$$L_m = N_m \times S_e$$

根据毛管极限长度及条田的实际情况可确定毛管的实际铺设长度。

（5）确定毛管的沿程水头损失 $h_{毛}$（多孔管）按下式计算：

$$h_{毛} = \frac{fSq_d^m}{d^b}\left[\frac{(N+0.48)^{m+1}}{m+1} - N^m\left(1-\frac{S_0}{S_e}\right)\right]$$

式中：f、m、b——分别为摩阻系数、流量指数和管径系数，
可由表 2-9 查得；

N——出水孔个数；

S_0——进口至首孔的间距，m。

表 2-9　管道沿程水头损失计算系数、指数表

管材			f	m	b
硬塑料管			0.464	1.77	4.77
微灌用聚乙烯管	$d>8\,\text{mm}$		0.505	1.75	4.75
	$D \leqslant 8\text{mm}$	$R_e > 2\,320$	0.595	1.69	4.69
		$R_e \leqslant 2\,320$	1.75	1	4

（6）确定毛管局部水头损失　当参数缺乏时，毛管局部水头损失可按沿程水头损失的 10%~20% 计算。

2. 辅管、支管设计

（1）辅管、支管的选型　常用支管和辅管规格可根据条田宽度和地形坡度等因素，选择合理的支管和辅管规格。一般对于坡度较小的条田，可选用薄壁支管和辅管；对于坡度较大的条田，可选用厚壁支管和辅管。

（2）确定经济管径　辅管的长度和管径应根据其水头损失来确定，辅管水头损失与毛管水头损失之和不应大于灌水小区允许水头差。支管的长度根据条田宽度确定，其管径应根据辅管所需压力进行经济技术比较确定。也可根据经济流速 $V = 1.0 \sim 1.5 \ \mathrm{m/s}$ 来确定经济管径，或根据经济水力坡度 $I = 0.03 \sim 0.06$，用下式计算：

$$D = 10.88 \times \frac{Q^{0.37}}{I^{0.27}}$$

式中：D——管内径，mm；

　　　Q——管设计流量，$\mathrm{m^3/h}$；

　　　I——经济水力坡度，$I = 3\% \sim 6\%$。

（3）支管、辅管沿程水头损失的计算　对于有辅助支管的滴灌系统，支管沿程水头损失计算至最后一个给水阀。当只开一条或两条辅管时，其沿程水头损失计算公式为：

$$h_{支} = \frac{fQ^m}{d^b}L$$

式中：$h_{支}$——沿程水头损失，m；

　　　Q——流量，L/h；

　　　L——管道长度，m。

当支管呈多口出流时，其水力计算方法和辅管计算方法相同。

支管的铺设长度 L，在系统分析的基础上，用线性规划或动态规划的方法确定支管的水头损失 h_f，然后反推算出管长 L。

当支管上开启的辅管条数≥3或无辅管时，支管应按多孔管计算。辅管为多孔管，其沿程水头损失的计算方法与毛管相同。

（4）支管局部水头损失　当参数缺乏时，局部水头损失可按沿程水头损失的 5‰～10‰计算。

（5）薄壁支管水头损失计算 薄壁软管目前还没有统一的国家标准，其沿程阻力系数和沿程水头损失不仅取决于雷诺数、流量及管径，而且明显受工作压力影响，此外还与软管铺设地面的平整程度及软管的顺直状况等有关。在工程设计中，软管沿程水头损失通常采用塑料硬管计算公式计算后再乘以一个系数，该系数根据软管布置的顺直程度及地面的平整程度取 1.1～1.5。

3. 干管的设计 干管的设计任务是按最不利的管线从下而上、自远而近计算水头损失及向各个支管输送的流量和支管的工作压力，来选择干管各管段长度、管径和公称压力。干管水头损失的计算公式与支管相同，其各管段管径应根据运行费用和一次性投资进行技术经济比较确定。也可按支管经济管径的计算方法进行确定。

干管的沿程和局部水头损失计算：

$$h_{干} = \frac{fQ^n}{d^b}L$$

$$h'_{干} = \frac{\sum \zeta v^2}{2g}$$

式中：$h_{干}$——沿程水头损失，m；

$h'_{干}$——局部水头损失，m；

ζ——局部水头损失系数；

v——流速，m/h。

六、首部枢纽设计

1. 水源过滤及施肥设备选型 应根据水源水质和滴头抗堵塞能力选择过滤设备型号。由于流道设计上的差异，各种灌水器对水质的要求不同。新疆天业（集团）有限公司几种常用滴灌带对水源的物理过滤精度要求为：单翼迷宫式滴灌带≥120 目、内镶式滴头≥200 目、压力补偿式滴头（锥形阀芯）≥180 目。

不同的水质处理方式也不同。一般而言，井水较清澈，用一级筛网过滤器即可；若有涌砂现象，可加一级离心过滤器。含有水藻、鱼卵、漂浮物的地表水，一般选用砂石过滤器加筛网过滤器的两级过滤方式。含有较多泥沙的地表水除配置过滤器外，还应修建沉淀池。化学堵塞是比较难处理的，特别是硬质水，在高温条件下钙、镁离子会吸附、沉积在流道内，造成堵塞，处理费用较高。一般大田使用的滴灌带最好选用薄壁型的一年一次性使用产品。一方面，初期一次性工程造价低；另一方面，避免多次重复使用累积形成的长期沉积、沉淀堵塞问题，同时也避免重复使用，接头太多而造成的机械铺设困难。

2. 过滤设备选配　若已知灌溉水中各种污物的含量，则可根据以下条件选配过滤设备：

（1）当灌溉水中无机物含量小于 10 mg/kg 或粒径小于 80 μm 时，宜选用砂石过滤器或筛网过滤器。

（2）灌溉水中无机物含量在 10～100 mg/kg，或粒径在 80～500 μm 时，宜选用离心过滤器或筛网过滤器作初级处理，然后再选用砂石过滤器。

（3）灌溉水中无机物含量大于 100 mg/kg 或粒径大于 500 μm 时，应使用沉淀池（见沉淀池设计）或离心过滤器作初级处理，然后再选用筛网或砂石过滤器。

（4）灌溉水中有机污物含量小于 10 mg/kg 时，可用砂石过滤器或筛网过滤器。

（5）灌溉水中有机污物含量大于 100 mg/kg，应选用初级拦污筛作第一级处理，再选用筛网或砂石过滤器。

根据上述原则选择过滤设备类型后，再根据系统流量选择相应的过滤设备型号。

3. 施肥罐选择　根据设计流量和灌溉面积的大小，灌溉作物所需肥料和化学药物的性质，选择种类和规格型号合适的施肥罐。

七、水泵选型及动力配套

滴灌系统所需要的水泵型号应根据滴灌系统的设计流量和系统总扬程确定。滴灌系统设计流量等于同时工作的毛管流量之和。

系统的总扬程可由下式确定：

$$H_\text{总} = H_\text{滴} + \sum \Delta h_i + \sum \Delta h + \Delta Z$$

式中：$H_\text{总}$——系统总扬程，m；

$H_\text{滴}$——滴头工作压力，m；

$\sum \Delta h_i$——水泵、阀门、施肥罐、过滤器、监控仪表的局部水头损失之和，m；

$\sum \Delta h$——设计参考点至干管进口处各级管道水头损失之和，m；

ΔZ——设计参考点高程与水源水面高程之差，m。

根据计算出的滴灌系统设计流量和扬程，查选定的水泵生产厂家的水泵技术参数表，选出合适的水泵及配套动力。

八、附属工程设计

滴灌系统的附属工程主要有减压阀、排气阀、逆止阀、镇墩、排水井等。

进排气阀一般设置在滴灌系统管网的高处或局部高处，首部应在过滤器顶部和下游管上各设一个，其作用为在系统开启管道充水时排除空气，系统关闭管道排水时向管网中补气，以防止负压产生，系统运行是排除水中夹带的空气，以免形成气阻。

排气阀的选用，目前可按"四比一"法进行，即排气阀全开直径不小于排气管道内径的1/4，如100mm内径的管道上应安装内径为25mm的排气阀。另外在干、支管末端和管道最低位置应该安装排水阀。

镇墩是指用混凝土，浆砌石等砌体定位管道，借以承受管中由于水流方向改变等原因引起的推力，以及直管中由于自重和温度变形产生的推、拉力。三通、弯头、变径接头、堵头、闸门等管件处也需要设置镇墩。镇墩设置要考虑传递力的大小和方向，并使之安全地传递给地基。

第三章 膜下滴灌水稻水肥一体化管网设计

第一节 膜下滴灌水稻水肥一体化的规划设计

一、滴灌规划设计的基本原则

1. 滴灌工程的规划应与农田基本建设规划相结合 滴灌工程规划必须与当地农业区划、农业发展计划、水利规划及农田基本建设规划相适应，特别是应与低压管道输水灌溉等灌水技术相结合统筹安排。综合考虑与规划区域内沟、渠、林、路、输电线路、水源等布置的关系，考虑多目标综合利用，充分发挥已有水利工程的作用。

2. 近期需要与远景发展规划相结合 根据当前经济状况和今后农业发展的需要，把近期安排与长远发展规划结合起来，讲求实效，量力而行。根据人力、物力和财力，做出分期开发计划。

3. 规划应综合考虑工程的经济效益、社会效益和生态效益 滴灌工程的最终用户是农民，目前我国农村经济相对落后，能否为农民带来实际效应是滴灌工程建设的基本出发点。同时，为了水资源的可持续利用和农业的可持续发展，滴灌工程的社会效益和生态效益也是至关重要的。因此，充分发挥滴灌技术节水、节支、增效、节约劳动力，提高劳动生产率，减轻农民的劳动强度，增加农产品产量，改善产品品质等优势，把滴灌的经济效益、社会效益和生态效益很好地结合起来，使滴灌工程的综合效益最大，是滴灌工程规划的目标。

二、规划的内容

（1）勘测收集基本资料。

（2）论证工程的必要性和可行性。

（3）确定工程的控制范围和规模。

（4）选择适当的取水方式。根据水源条件，选择引水到高位水池、提水到高位水池、机井直接加压、地面蓄水池配机泵加压等滴灌取水方式。

（5）滴灌系统选型。要根据当地自然条件和经济条件，因地制宜地从技术可行性和经济合理性方面选择系统形式、灌水器类型。

（6）工程布置。在综合分析水源加压形式、地块形状、土壤质地、作物种植密度、种植方向、地面坡度等因素的基础上，确定滴灌系统的总体布置方案。

（7）做出工程概算。

三、资料的收集

（一）自然条件

1. 地理位置及地形 项目区经纬度、海拔高程及有关自然地理特征；地形图，比例尺一般为 1/(1 000～5 000)，图上要标清项目区范围、水源位置、交通道路、输电线路、地面附着物等。

2. 土壤 项目区土壤特性，包括土壤质地、土层厚度、渗透系数、容重、土壤水分常数、土壤温度及盐碱情况等。

3. 水文地质、工程地质资料 浅层地下水位及其随季节的变化，滴灌工程中各项建筑设施位置的地质条件等。

4. 作物 作物种类、品种、种植结构及分布，生育期，各生育阶段及天数，日需水量，当地灌溉试验资料、灌溉制度、灌水经验、主要根系活动层深度等。

5. 水源 水源水位（机井的静水位、动水位或地表水源在灌溉期的低水位、高水位），供水流量、水质分析报告，水中泥沙含量、泥沙粒径级配等。

6. 气象 气温、湿度、蒸发量、多年平均降水量、灌溉季节有效降水量，无霜期及最大冻土深度等。

（二）生产条件

1. 水利工程现状 引水、蓄水、提水、输水和机井等工程的类别、规模、位置、容量、配套完好程度和效益情况。

2. 生产现状 作物历年平均单产，受旱、盐碱、虫灾、干热风、低温霜冻灾害及减产情况。

3. 动力和机械设备 电力或燃料供应，动力消耗情况，已有动力机械、农用耕种、收割机械情况。

4. 当地材料和设备生产供应情况 如滴灌工程建筑材料和各种管材、设备来源、单价、运距及当地生产的产品、设备质量、性能、市场供销情况等。

5. 农田规划及现状 项目区农田规划，路、渠、林、电力线路等布置状况。

（三）社会经济状况

1. 项目区的行政区划和管理 包括所在地名称、人口、劳力、民族及文化、农业生产承包方式、管理体制和技术管理水平等。

2. 经济条件 工农业生产水平、经营管理水平、劳动力管理方式及农业人口的经济状。

第二节　膜下滴灌水稻首部设备安装

一、基本情况

滴灌系统首部枢纽的作用是从水源取水加压并注入肥料（农药）经过滤后按时按量输送进管网，担负着整个系统的驱动、量测和调控任务，是全系统的控制调配中心。

首部设备主要包括动力机、水泵、施肥（药）装置、过滤设备、安全保护设施（排气阀、逆止阀、减压阀）及测量控制设备（压力表）。

根据主管设计走向，确定首部系统出水口方向，在设备管理房中心线位置安装首部枢纽，按以下顺序进行首部枢纽系统安装连接：水源（井）→过滤器进水口→压力表→离心过滤器→施肥系统→控制阀→网式过滤器→注入主管道→滴灌系统。

二、抽水加压设备的安装

常用的动力机主要有电动机、柴油机、拖拉机等。但首选电动机。动力机在滴灌系统中起着重要作用，是整个滴灌系统的能量来源。

滴灌常用的水泵主要有潜水泵、离心泵等。如果水源的自然水头（由高位水池、压力水管提供）满足滴灌系统的流量和压力要求，则可省去水泵及相应的动力。

电机与水泵安装时注意以下事项：

（1）电机与水泵安装应按产品说明书进行，并按《机电设备安装工程施工及验收规范》中有关规定执行。

（2）电机外壳必须接地，接线方式应符合电机安装规定，并通电检查和试运行。

（3）机泵必须用螺栓固定在混凝土基座或专用架上。

三、自动化控制系统的安装

（1）自动化控制设备安装应按产品说明书进行，并要求有关技术人员在现场指导，注意电气接线方式是否正确。

（2）自动控制电缆线应在干管、支管地埋安装结束，并在检查地埋管网无需处理，将要回填之前沿干、支管管沟布置。

四、过滤设备的安装

过滤设备是用来对滴灌用水进行过滤，防止各种污物进入滴灌系统堵塞滴头或在系统中形成沉淀。大田滴灌系统常用的过滤设备有水砂分离器、砂石过滤器、筛网过滤器、叠片式过滤器等。各种过滤设备可以在首部枢纽中单独使用，也可以根据水源水质情况组合使用，还可以与沉淀工程配合使用。

过滤设备应按产品说明书所提供的安装图进行安装，并应注意按输水流向标记安装，不得反向。

五、施肥（药）装置的安装

滴灌施肥（药）采用随水施肥（药），可溶性肥料（可溶性药）通过施肥设施注入滴灌管道中，随灌溉水一起输送给作物。常用的施肥装置是压差式施肥罐（表3-1），结构简单、造价低、适用范围广、无需外加动力，在滴灌工程中被广泛应用。

表3-1　大田滴灌压差式施肥罐常用规格选型

规格（L）	适用系统灌溉面积（hm²）	规格（L）	适用系统灌溉面积（hm²）
30	<13.3	150	40~60
50	13.3~26.7	200	60~80
100	26.7~40	300	80~100

施肥（药）装置的安装位置一般在筛网过滤器之前，施肥罐进水口与出水口和主管相连，在主管上位于进水口与出水口中间设置施肥阀或闸阀，调节阀门开启度使两边形成压差，一部分水流经施肥罐后进入主管。

六、量测设施和安全保护设施的安装

量测设施主要指流量、压力测量仪表，用于管道中的流量及压力测量，一般有压力表、水表等。压力表是滴灌系统中不可缺少的量测仪表，特别是过滤器前后的压力表，反映着过滤器的堵塞程度及何时需要清洗过滤器。水表用来计量一段时间内管道的水流总量或灌溉水量。

安全保护设施用来保证系统在规定压力范围内工作，消除管路中的气阻和真空等，一般有进（排）气阀、安全阀、逆止阀、泄水阀、空气阀等。

安装应注意以下事项：

（1）安装前应清除封口和接头处的油污和杂物，压力表应接在环形连接管上。

（2）应按设计要求和流向标记水平安装水表。

（3）检查阀门启闭是否灵活、止水橡胶带是否牢固，关闭是否严密。

（4）应按制造厂的安装说明书进行安装，应设置牢固的基础。

第三节 膜下滴灌水稻田间管网模式

一、作物群体及作物群体结构

作物群体是指同一块土地上的作物个体群。一种作物组成的个体群是单作群体；两种或两种以上的作物组成的群体是复合群体。作物群体结构是指组成这作物群体的各个单株大小、分布、长相及动态变化等。

（一）作物群体结构包含内容

1. 作物群体结构的大小　如以禾谷类作物为例，包括基本苗数、分蘖数、穗数、叶面积指数和根系发达程度等。

2. 作物群体结构的水平分布　主要指作物群体在空间水平方向上的配置，包括株距、行距、带宽和密度等。

3. 作物群体结构的垂直分布　指群体的个体及其器官在空间垂直方向的分布，包括叶片大小、角度、层次分布和植株高度等。

4. 作物群体结构的动态变化　群体的大小、分布和长相随植株的生长发育而不断变化。它包括基本苗数、总茎数、穗数、叶面积指数变化、群体高度和整齐度的动态变化及干物质积累的动态变化。

5. 作物群体结构的长相　指作物的外观表现，包括叶片姿态、叶色、生长整齐度和封行早晚等。

（二）作物群体结构性状的分类

章家恩在《作物群体结构的生态环境效应及其优化探讨》中对作物群体结构形状进行了分类。

1. 人为性群体结构性状　包括种植方式和种植密度。种植方式是指同种作物之间或不同种作物之间的空间与时间配置关系以及作物栽培管理方式。不同的种植方式可以形成不同的农田小气候环境。主要表现在对作物群体透光率、可照时间、株间温度和风速、病虫害发生的影响，并对作物群体的其他自然结构性状，如株高、茎粗和叶面积指数乃至产量等产生作用。

种植密度影响作物群体的其他结构指标和作物生产力。在高密度种植情况下，农作物群体可表现出较为明显"自动调节"现象和"反馈作用"。作物的自动调节表现为多个方面，如作物分蘖或分枝数量调节、有效穗数调节、穗重调节、单株和群体叶面积调节、单株和群体干物重调节、花数调节、生物产量与经济产量调节等。高密度种植可导致作物群体的"自疏过程"，即由于群体的"拥挤"而导致部分的植株死亡，以达到适宜的群体结构。

2. 生理性群体结构性状　包括茎秆的总面积及其纵断面面积、株高、叶面积、叶倾角和方位角、根系大小与活力和器官空间配置。作物群体结构包括作物器官的空间配置结构，即作物器官总面积及其在垂直空间内的分布性质。根据作物各器官总面积的垂直分布状况，通常可将作物分为 4 种器官配置结构类型：①"蘑菇型"，作物各器官面积分布的最大值在群体的上部；②"纺锤型"，作物各器官分布面积的最大值在群体的中部；③"尖塔型"，作物各器官分布面积的最大值在群体的下部；④"均匀型"，作物各器官分布面积随高度的分布或多或少是均匀的。

二、膜下滴灌水稻群体结构组成

（一）膜下滴灌水稻株型

膜下滴灌水稻株型包括水稻的高度、叶片倾角和叶方位角、穗型及根型。

1. 高度　在 20 世纪 50～60 年代，有研究表明，可以通过降低株高使品种的耐肥、抗倒性和密植性显著增强，进而提高叶面积指数和生物产量，从而提高作物群体的产量。但是，水稻并不是越矮越好，随着株型理论研究的深入和生产实践发展，人们对株高有了新的认识。矮秆主要是提高了经济系数，生物产量并无明显变化，认为产量上要有较大的突破必须在生物产量上有大幅度的提高。适当增加一点株高，可以降低叶面积密度，有利于 CO_2 扩散和中下部叶片的受光，对生长量和后期籽粒充实显然是有利的。同时也有研究证明，株高与生物产量呈显著的正相关，尤其是在高产条件下关系更为密切，而生物产量增加又是穗粒数和千粒重增加的物质基础。杨守仁等提出北方一季粳稻的"偏矮秆"定在 90～100 cm，IRRI 确定的株高标准是 95～100 cm，陈温福等则认为新株型水稻株高应达到 95～105 cm。

2. 叶片倾角和叶方位角　直立叶片群体的光合效率高于平展或弯垂叶，叶片直立，叶夹角小有利于叶片两面受光，适宜提高叶面积指数，对阳光的反射率较小，从而提高冠层光合速率，增加物质生产量，同时增加冠层基部光量，增强根系活力，提高抗倒性。

3. 穗型   殷宏章等研究指出水稻灌浆中后期，穗逐渐弯垂，影响群体光合作用。徐正进先后又进一步证实直立穗型与半直立或弯曲穗型相比，更有利于改善群体结构和受光态势，群体生长率高，生物产量明显高于半直立和弯曲穗型。一天中直立穗型群体中部光照强度均高于半直立或弯曲穗型，是群体光合作用的重要影响因素。无论自然风速大小，群体 CO_2 扩散效率也是直立穗型高于半直立和弯曲穗型。穗型的这种差异，说明直立穗型更有利于光合产物的积累。从群体光能利用角度看，直立穗型可能是继矮化和理想株型以后适应超高产要求的又一重要形态进化。

4. 根型   根的分布与叶片的姿势有关，根分布浅、根量少的，叶角大、叶片披散；而根直立深扎的、根量多的，根活力较高，叶角小、紧凑，叶片容易保持直立，光合速率也越高。石庆华对 12 个不同穗型水稻品种的根系形态特征与地上部关系性状的遗传研究结果表明，根数、根重和根直径分别与地上部有关性状显著相关，可作为水稻育种的根系选择指标。Yoshida 调查了 1 081 个水稻品种的株高、分蘖与根生长的关系，认为根系分布较深的品种植株较高，分蘖较少，主茎及早分蘖节上的较长而多。穗数型品种根纤细并多分布于土壤表层，穗重型品种根系较粗，直下根比例大，抽穗期下位根占比重大且活性强，多穗型品种比大穗型品种根干重大。矮秆多穗型品种根较少而短；而高秆大穗型品种发根多而长，根系的氧化活力与叶角呈正相关。凌启鸿研究认为，水稻根的分布与叶角呈几何学相关，根系分布较深且多纵向时，叶角较小；根系分布较强且少纵向时，叶角较大叶片趋向于披垂。

三、膜下滴灌水稻群体结构大小

研究膜下滴灌水稻群体结构大小主要是研究膜下滴灌水稻群体密度变化，包括基本苗数、有效分蘖数及适宜穗数等。

首先根据产量来确定适宜膜下滴灌水稻穗数。膜下滴灌水稻的适宜穗数与单茎叶面积和群体最适叶面积指数之间有密切联系。当单茎叶面积一定时，群体最适叶面积指数越高，适宜穗数越多；而当最适叶面积指数一定时，单茎叶面积越大，适宜穗数越低。株型紧凑、叶片挺直的品种，最适叶面积指数大，每公顷适宜穗数较大；矮秆、分蘖力强、生育期短的品种单茎叶面积小，每公顷适宜穗数也较多。反之，株型松散，叶片披垂的品种，最适叶面积指数小，每公顷适宜穗数较少；高秆、分蘖力弱、生育期长的品种单茎叶面积大，每公顷适宜穗数也较少。由于各地条件不同，对单茎叶面积及群体叶面积指数有较大影响，所以不同地区水稻高产的适宜穗数有较大差异。

四、膜下滴灌水稻群体结构的立体层次

膜下滴灌水稻群体立体结构分为 3 个层次：光合层、支架层和吸收层。光合层（上层或叶、穗层），包括所有绿色叶片、穗和茎绿色部分，主要功能是吸收太阳光能和 CO_2，进行光合作用和蒸腾作用。支架层（中层或茎层），在光合层之下，主要功能是支持光合层，并行使地上部与地下部之间的水分和养分的运输传导作用。水稻群体中层在膜下滴灌条件下已不如传统淹灌种植方式，因为膜下滴灌水稻不建立水层，根层虽然埋于土壤中，但可以通过土壤空隙吸收氧气，依靠茎秆向根层传导氧气的作用已大大减小。吸收层（地下层或根层），在地面以下，主要功能为吸收水分和养分，并进行一些代谢与合成作用。

五、膜下滴灌水稻群体结构的动态变化

膜下滴灌水稻群体的大小、分布和长相随着植株的生长发育而不断变化，包括基本苗数、穗数、叶面积指数变化、群体高度和整齐度的动态变化。这些变化表现了群体发展状况，反映了群体与个体的关系。

膜下滴灌水稻群体实为一个不断发展着的整体，其大田群体结

构的形成和发展，是一个动态过程。最后成熟时的大田结构是直接构成产量的因素，但它又是从其以前各生育阶段的结构发展过来的。因此，某一措施只要改变某一时期的群体结构，就能对以后的结构发生深刻的影响。高产田的一切措施，都是为了使这个动态过程向合理的最后结构发展。因而，最后结构的合理与否，常可用来衡量其动态过程中各项措施的合理性。单位面积总茎数是一种简便的表示群体大小的方法，因而在一定程度上，可用分蘖消长来表达群体的动态结构。但从光能利用上考虑，用叶面积系数来表示群体的大小似更为确切。然而光合产物的多少，除这些群体数量性状外，还要考虑叶片厚度、叶片含氮率、叶开角以及上下叶层配置情况，根层的活性和茎秆的输导能力等群体的质量性状。因此，在群体发展过程中，既要注意群体的数量结构，又要注意群体的质量结构。

膜下滴灌水稻群体的自动调节作用能使群体的动态变化在一定水平上保持稳定。水稻群体的自动调节能力是一种适应性的表现。随着一些条件的变化，水稻群体某些生育进程的速度和方向也随之变化，以适应新的环境。膜下滴灌水稻的分蘖消长就是一种自动调节过程。水稻群体的自动调节主要表现在水稻产量构成因素的制约和补偿机制。水稻产量构成因素的制约机制：一种产量构成因素的增加必然伴随着另一种产量构成因素的相对减少。水稻穗数多，穗粒数或者千粒重就会减少，以保持群体稳定。后期形成的产量构成因素可以补偿早期形成的产量因素的不足。如苗数不足，可以通过大量分蘖及较多的穗数加以补偿；穗数不足，粒数和千粒重可以增加。

六、膜下滴灌水稻栽培模式探索

新疆天业（集团）有限公司膜下滴灌水稻课题组对膜下滴灌栽培模式下不同密度及株行距配置对水稻产量影响进行了初步研究。

试验采用三因素裂区设计，因素一的二、三水平各与因素二、因素三各水平组合，因素一的一水平与除因素二的三水平外其他各水平组合，设三重复，共 16 个处理。具体因素见表 3-2：

表 3-2　各因素水平表

因素一	膜宽（m）	1.1	A_1
		1.6	A_2
		2.2	A_3
因素二	每 667 m² 穴数（万）	2.8	B_1
		3.3	B_2
		3.6	B_3
因素三	单穴下种数	6～8	C_1
		8～12	C_2

经组合产生 16 个处理，见表 3-3：

表 3-3　各处理组合表

处　理	组　合
1	$A_1 B_1 C_1$
2	$A_1 B_1 C_2$
3	$A_1 B_2 C_1$
4	$A_1 B_2 C_2$
5	$A_2 B_1 C_1$
6	$A_2 B_1 C_2$
7	$A_2 B_2 C_1$
8	$A_2 B_2 C_2$
9	$A_2 B_3 C_1$
10	$A_2 B_3 C_2$
11	$A_3 B_1 C_1$
12	$A_3 B_1 C_2$
13	$A_3 B_2 C_1$

(续)

处　理	组　合
14	$A_3B_2C_2$
15	$A_3B_3C_1$
16	$A_3B_3C_2$

结果表明，窄膜不利于提高保苗株数但利于加速分蘖进程。1.6 m 与 2.2 m 地膜栽培中，在密度小于每 667 m^2 3.6 万穴前提下，单穴粒数大于 8 粒有利于提高保苗率（表3-2）。1.1 m 与 1.6 m 栽培模式下，二者千粒重无显著差异，2.2 m 地膜栽培千粒重明显高于二者。无论哪种栽培模式，单穴下种粒数 6～8 粒各项指标显著高于 8～12 粒，可明确得出膜下滴灌水稻栽培中，单穴下种粒超过 8 粒将严重影响发育进程及长势（表3-4）。在地膜宽度一定的前提下，随着播种密度及下种量的增加，产量关键指标呈递减趋势。地膜宽度的增加，有利于株高、单穗实粒数、理论产量等指标的提高。

目前田间管理条件下，处理 2（膜宽 1.1 m，播种密度每 667 m^2 2.8 万穴，单穴下种粒数 8 粒）、处理 5（膜宽 1.6 m，播种密度每 667 m^2 2.8 万穴，单穴下种粒数 6～8 粒）、处理 13（膜宽 2.2 m，播种密度每 667 m^2 3.3 万穴，单穴下种粒数 6～8 粒）是适宜滴灌水稻栽培的几种模式。

七、目前实现农机配套模式介绍

根据滴灌水稻需水特性要求，针对不同水质、水源条件、土壤性质、种植布局、地形等条件，组合成了滴灌系统的几种不同的管网田间结构模式。主要有支管＋毛管、双支管＋毛管两种方式。

根据不同地膜宽度、种植密度、滴灌带间距组成田间布置形式，主要有 3 种：超宽膜"一膜三管十二行"、宽膜"一膜两管八行"和窄膜"一膜两管四行"，各种布置模式如图 3-1～图 3-3 所示：

表 3－4　2013 模式试验叶考种结果

项目	处理															
	1	2	3	4	5	6	7	8	9	10	11	12	13	14	15	16
株高（cm）	95	100	96.3	92.2	97	95	93	89	104	101.7	109	107	107.2	106.7	109	102
穗长（cm）	20.5	18.3	17.7	18.9	19	20.7	17.8	17	20.4	20	19	19.9	18.3	18.3	16.6	20.1
单株有效穗数（穗）	16	11.4	9	7.2	13.1	12.3	9.3	7.6	6.7	8	10	8.6	9.2	8.6	7.2	7.2
单穗实粒数（粒）	64.2	85.6	82	86.4	96	91	87	79.4	82	56	108	104	110	108	93	88
结实率（%）	60.4	80.2	81.4	80	83	74.9	74.7	62	79.6	58.5	98	96.3	95	94	92.2	90.2
千粒重（g）	17.5	20.9	21	22.6	23	22.5	22.1	20.2	22.3	22.4	25.2	25	24.7	24.1	23.6	22.9
每667 m² 理论产量（kg）	501.8	571.1	511.4	463.9	809.9	705.2	590.1	402.3	441.1	361.3	762	626.1	824.9	738.7	568.9	522.3

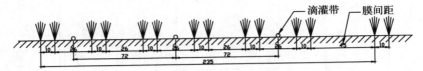

图 3-1　超宽膜"一膜三管十二行"播种模式图（膜宽 2.2 m）

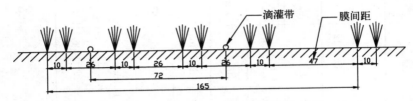

图 3-2　宽膜"一膜二管八行"播种模式图（膜宽 1.5 m）

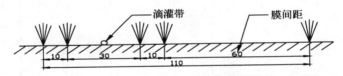

图 3-3　窄膜"一膜一管四行"种植模式图（膜宽 0.9 m）

　　超宽膜种植优点是播种密度大，采光面大，利于保苗和提高膜内温度。缺点是对播种质量、土壤有机质含量、覆土质量及膜床平整度要求高，田管注意播前整地质量，要求秋翻整地，待播地必须平整、细碎、下紧上松，否则会造成严重错位，影响出苗。管网布置时支管铺设长度不宜过长或尽量使用双支管。

　　宽膜和窄膜种植优点是播幅窄，农机作业易于操作，对土壤平整度和农机配套水平略低于超宽膜种植。缺点是膜间行多，水肥利用效率低，苗期膜内温度低，播种穴数低。田间管理需注意杂草防治及水肥管理。

八、不同密度对产量性状的影响

　　赵双玲等对于不同密度条件下，膜下滴灌水稻分蘖数、有效株数、冠层结构以及穗长等进行了相关研究。

1. 动态分蘖　合理的栽培密度是建立理想膜下滴灌水稻群体结构和获得优质高产的重要前提条件。单位面积的群体越大，个体的分蘖就越少。在正常情况下，水稻分蘖直接决定于稻苗密度和大田栽培密度，如果群体过密，造成田间郁蔽，即使其他条件都能保持适宜状态，水稻分蘖潜力也不能正常发挥。分蘖是水稻固有的生理特性。水稻分蘖实质上就是水稻茎秆的分枝。分蘖一般是自下而上地依次发生的。茎节数多的可能发生的分蘖就多，反之就少。就单茎而言，最低分蘖节位和最高分蘖节位相差大的，则单株分蘖数就多。分蘖发生的早晚，节位的高低，对分蘖的生长发育和成穗与否均有显著的影响。一般是分蘖出现越早，蘖位蘖次越低，越容易成穗，穗部性状也越好；反之，分蘖出现越晚，蘖位蘖次越高，其营养生长期越短，叶片数和发根量越少，成穗的可能性就越小，并且穗小粒少。动态分蘖如图 3-4 所示：

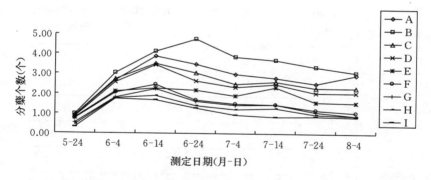

图 3-4　膜下滴灌水稻不同种植密度动态分蘖图

（处理 A：每 667 m² 7.6 万株；处理 B：每 667 m² 9.5 万株；处理 C：每 667 m² 11.4 万株；处理 D：每 667 m² 13.3 万株；处理 E：每 667 m² 15.2 万株；处理 F：每 667 m² 17.1 万株；处理 G：每 667 m² 19 万株；处理 H：每 667 m² 20.9 万株；处理 I：每 667 m² 22.8 万株）

从图 3-4 中可以看出：处理 B 的分蘖较其他处理多，处理 A 次之，处理 C 第三，处理 I 最少，分蘖在 6 月 24 日左右达到高峰，后期分蘖开始逐渐减少。水稻分蘖期一般是在 3 叶 1 心时出现分蘖，4 叶期分蘖普遍发生。在相同栽培条件下，不同的下种量处理下，单株的分蘖数随着单穴的下种量的增加而呈递减的趋势。

2. 单穴有效株数和单穴总粒数的变化　从表 3-5 可以看出，有效株数从处理 D 开始，就不能够达到留苗株数，处理 I 的有效株数率最小只有 73.33%，说明在膜下滴灌条件下，机械播种的播种粒数不能超过 8 粒，播种的粒数应该在 5～8 粒，超过 8 粒对水稻的有效株数、分蘖、有效穗、产量都有不同程度的影响，对最终的产量影响尤为严重，超过 7 粒就会出死苗现象，使得即使水稻能够生长，但不能够正常的生长发育，不能够抽穗成熟，出现无效株数，直接造成了经济产量的减少。超过 8 粒对于种子来说也是浪费，造成了成本的增加。所以，要减少机械播种的下种量，降低成本。有效穗随着栽培密度增加而增加，呈正比的关系。

表 3-5　收获株数比较

处理	留苗株数（株/穴）	有效株数（株/穴）	有效株数率（%）	每 667 m² 有效穗（万穗）
A	4	4	100	16.86
B	5	5	100	19.48
C	6	6	100	18.40
D	7	6.8	97.14	18.64
E	8	7.6	95	18.91
F	9	8.1	90	19.03
G	10	8.6	86	19.94
H	11	8.6	78.18	18.43
I	12	8.8	73.33	18.61

3. 各处理的冠层比较　水稻叶片是稻株进行光合作用、制造

有机物的重要器官，其光合量占总光合量的 90％以上。叶面积指数大小影响光合速率的高低，即决定产量的高低。叶面积指数是反映作物长势与预报作物产量的一个重要农学参数。抽穗期适宜的叶面积指数及其结构是水稻高产的主要标志，是协调库源关系和各部器官平衡发展的基础。对水稻抽穗期叶面积指数、产量信息的空间结构性及其相关性进行研究，可以获得田间作物生长、产量形成的变异规律，为有针对性地调控生理性状进而获得水稻的高产优质提供科学依据。抽穗期叶面积指数是影响产量的主要因子之一，高产水稻群体存在适宜的叶面积指数范围，且必须有一个适宜的最大叶面积指数。适宜叶面积指数要通过合理叶面积指数发展动态来实现。茎蘖消长动态与叶面积指数发展密切相关。水稻生育前期分蘖增长快，叶面积指数增长快，中后期分蘖消亡速度快，叶面积指数下降快。高产要有适宜的叶面积指数，但适宜叶面积指数不一定高产，还决定于适宜的叶面积指数组成。叶面积指数组成取决于茎蘖的适宜组成，有效分蘖临界叶龄期和拔节期大，分蘖占总茎蘖比例大，有效叶面积指数大，产量高。

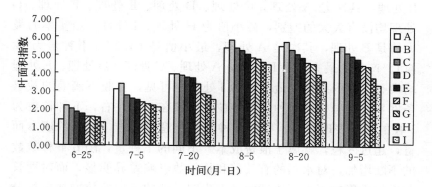

图 3-5　各处理叶面积指数动态变化

（处理 A：每 667 m² 7.6 万株；处理 B：每 667 m² 9.5 万株；处理 C：每 667 m² 11.4 万株；处理 D：每 667 m² 13.3 万株；处理 E：每 667 m² 15.2 万株；处理 F：每 667 m² 17.1 万株；处理 G：每 667 m² 19 万株；处理 H：每 667 m² 20.9 万株；处理 I：每 667 m² 22.8 万株）

从图 3-5 可以看出，处理 B 的叶面积指数在各个时间都是最高的，其次是处理 A，处理 I 叶面积指数最小。从图 3-5 中看出，8 月 5 日左右的叶面积指数最高，达到了最高值，由于 8 月 5 日左右该品种已至齐穗期，处理 B 的叶面积指数在该时期为 5.87，达到了最大。从处理 C 至处理 I 叶面积指数在不同程度的递减，说明在膜下滴灌条件下，水稻的叶面积指数随着单穴下种量的增加而递减，与之呈相反的趋势。

4. 各处理对膜下滴灌水稻产量及其构成要素的影响　从表 3-6 得出在膜下滴灌栽培模式下，机械播种单穴下种量超过 8 粒，水稻的产量及构成要素在随着下种量的增加而呈递减的趋势。各处理的产量及构成因素差异处理 B 除了株高以外，均表现出差异显著，好于其他处理。其他处理间的产量构成要素都存在差异，最大值和最小值均不一致。即：株高的最大值是 D 处理（下种量为 7 粒），最小值是 A 处理（下种量为 4 粒）。各处理的穗长和千粒重均表现为差异显著，之间并没有太大的差异性。有效穗的最大值为 B 处理，其他各处理均没有太大的差别。穗粒数的最大值是 B 处理，其次是 A 处理，C 处理、D 处理、E 处理、F 处理、G 处理均没有太大的差别，最小值为 H 处理、I 处理。结实率的最大值是 B 处理，其次是 A 处理，最小值是 I 处理（下种量为 12 粒）。产量的最大值是 B 处理，A 处理、C 处理、D 处理、E 处理均没有太大的差别，最小值为 I 处理。可见，在膜下滴灌的栽培条件下，水稻机械播种的下种粒数应该在 8 粒左右，下种粒数为 5 粒的产量表现最好。单穴下种量不能超过 8 粒。就节约成本而言，超过 8 粒，就属于浪费成本。不同的下种量，随着下种粒数的不断增加，对水稻的有效穗和穗粒数影响差异明显，而对穗长和千粒重影响不大。该试验结果表明，低的下种粒数增加单株分蘖数和产量；中等下种粒数增加穗粒数和产量；高的下种粒数严重影响水稻的产量构成因素，降低产量。密度越过一定界限后，产量出现下降趋势。产量随着密度的增加而提高，而增产效果逐渐下降。

表 3-6　不同处理对水稻产量及其构成要素的影响

处理	株高 （cm）	有效穗 （个）	穗长 （cm）	穗粒数 （粒）	千粒重 （g）	结实率 （%）	每 667 m² 产量（kg）
A	108.30d	10.94b	20.44a	116.70ab	26.06a	91.92ab	537.32b
B	106.30ab	12.06a	20.47a	132.00a	26.06a	93.24a	669.99a
C	106.00ab	11.39ab	20.37a	108.91bc	26.06a	91.92abc	522.28b
D	110.70a	11.49ab	19.91a	107.36bc	26.06a	91.88abcd	519.15b
E	107.40ab	11.59ab	19.83a	105.13bc	26.06a	91.80bcd	512.81b
F	102.40bcd	11.52ab	19.65a	102.89bc	26.06a	91.51bcd	498.83bc
G	102.80bcd	11.41ab	19.65a	97.23bc	26.06a	90.86bcd	466.91cd
H	100.20cd	11.40ab	19.36a	95.36c	26.06a	90.14cd	457.50cd
I	104.00bc	11.18ab	19.33a	93.60c	26.06a	89.75d	440.39d

（处理 A：每 667 m² 7.6 万株；处理 B：每 667 m² 9.5 万株；处理 C：每 667 m² 11.4 万株；处理 D：每 667 m² 13.3 万株；处理 E：每 667 m² 15.2 万株；处理 F：每 667 m² 17.1 万株；处理 G：每 667 m² 19 万株；处理 H：每 667 m² 20.9 万株；处理 I：每 667 m² 22.8 万株）

注：各列数字后不同的小写字母表示在 0.05 水平上差异显著。

5. 膜下滴灌水稻农艺性状相关性分析　从表 3-7 可以看出，穗长和株数呈负相关且差异极显著，说明下种量越大，穗长越短；株数与实粒数呈负相关且差异极显著，说明下种量越大，实粒数越少，直接影响产量；株数与空瘪率呈正相关且差异极显著，株数越大空瘪率越高；株数与产量呈负相关且差异显著，说明下种量越大产量越小；有效穗与产量呈正相关且差异显著，说明有效穗越多，产量越高；穗长与实粒数呈正相关且差异极显著，说明水稻的穗长越长穗粒数就越多（为高产提供一定的基础；穗长与空瘪率呈负相关且差异极显著，说明穗长越长空瘪率越高，空瘪率与水肥及天气状况有极大的关系，此结果只作为参考），穗长与产量呈正相关且差异极显著，说明穗长越长，产量越高；实粒数与空瘪率呈负相关且差异极显著，说明实粒数越多空瘪率越低，对产量起关键性作用；实粒数与产量呈正相关且差异极显著，说明实粒数越大产量越高；空瘪率与产量呈负相关，空瘪率越低产量越高。

表 3-7　膜下滴灌水稻农艺性状相关性分析

	株高	株数	有效穗	穗长	实粒数	空瘪率	产量
株高	1	−0.643	0.131	0.622	0.529	−0.616	0.403
株数		1	−0.474	−0.948**	−0.872**	0.844**	−0.796*
有效穗			1	0.655	0.592	−0.572	0.689*
穗长				1	0.887**	−0.909**	0.846**
实粒数					1	−0.955**	0.981**
空瘪率						1	−0.934**
产量							1

注：**表示 0.01 水平上差异显著；*表示 0.05 水平上差异显著。

　　此外，对不同处理下膜下滴灌水稻秆长和节间配置研究结果表明，在一定范围内，适当增加株高和穗下节间的比例，可提高产量；高产水稻的节间长短配置合理，穗下节节间占秆长的 32% ～35%，穗下节节间增长有利于叶层在空间的伸展，增加受光量，有利于光能利用，提高群体生物量。基部节间短粗，单位节间长度干重高，表现为抗倒能力强，同时也反映了无效分蘖期与拔节期前后肥水控制得当。既控制无效分蘖发生生长，又控制基部节间的伸长，为促进穗下节间和穗的长度增加提供了结构物质保证。

九、实现群体结构优化的农艺措施

1. 建立良好的水稻株型——理想株型育种　"株型育种"

（breeding of plant type）或"理想株型育种"（breeding of ideal plant type）在 20 世纪 50 年代初就受到遗传学家和育种学家的重视。株型育种的基本目的是选择茎秆硬直、叶片挺拔、株高适中，以适合于密植，增加单位面积种植株数，提高群体数量，增大群体库容量，以提高作物产量。

膜下滴灌水稻理想株型研究应做好以下几方面的工作：①理想株型也必须适应当地生产实际和生态条件的要求，从群体与环境之间、群体与个体之间、个体与个体之间以及个体内各部分之间的相互关系来确定理想株型。②研究大范围水稻不同理想株型生态适应性的评价原理，实现其种植区域的合理区划。③研究水稻不同株型品种优良株型性状的表达机理及在群体条件下的生态表现，以实现对水稻不同理想株型基因表达的人为调控。④建立生态适应理想株型育种指标数学模拟体系。⑤创建适合于各地区理想株型特点的超高产栽培管理体系。⑥强调培育理想株型的同时，还应注意与优质、抗逆相结合，这样的株型育种才有实际意义。

2. 栽培技术优化　对膜下滴灌水稻群体结构的研究，主要目的是调整水稻群体结构，使膜下滴灌水稻有一个良好的群体结构，以实现膜下滴灌水稻生产的高产和高效。

提高膜下滴灌水稻的群体产量，必须拥有合理的栽培方式：①合理调整种植密度和种植行向。合理密植可直接改变群体结构和农田生态环境，对植株的其他形态结构指标发生作用，如对叶面积指数大小和作物长势的影响。②改善水肥管理技术。农田水肥管理也是控制群体结构的一个重要途径。如通过优化施肥和水分调节，在一定程度上可调控作物的长势和发育进程。肥料，尤其是氮肥的施用量，可直接影响叶面积指数。而在作物发生"旺长""疯长"时，又可通过少施肥料、灌排和晒田等方式来减缓作物的营养生长和器官发育。③调整作物种植季节，合理搭配作物，提倡复合种植。轮作、间作套种和立体种植会直接影响着群体的空间结构和时间结构。④改善农田生态环境。改善农田的光、温、水、土等环境条件，使作物个体和群体的生长发育良好，以达到提高作物产量的目的。

第四节 膜下滴灌水稻滴灌设备安装

一、安装前的准备

（1）安装前工作人员应全面了解各种设备性能，熟练掌握施工安装技术的要求和方法。

（2）准备好安装用的各种工具和测试仪表：紧绳器、打孔器、PVC胶、双扩口、压力表、扳手、管钳、手钳等。

（3）确定与设备安装有关的土建工程已经验收合格，并按设计文件要求，全面核对设备规格、型号、数量和质量，严禁使用不合格产品。

二、首部枢纽设备安装

（一）抽水加压设备安装要求

（1）电机与水泵安装应按产品说明书进行，并按《机电设备安装工程施工及验收规范》中有关规定执行。

（2）电机外壳必须接地，接线方式应符合电机安装规定，并通电检查和试运行。

（3）机泵必须用螺栓固定在混凝土基座或专用架上。

（二）过滤器安装要求

过滤器应按产品说明书所提供的安装图进行安装，并应注意按输水流向标记安装，不得反向。

（三）施肥和施农药设备安装要求

（1）施肥和施农药装置应安装在过滤器前面。

（2）施肥和施农药装置的进、出水管与灌溉管道连接应牢固，如使用软管，应严禁扭曲打折。

（四）测量仪表和保护设备安装要求

（1）安装前应清除封口和接头处的油污和杂物，压力表应接在环形连接管上。

（2）应按设计要求和流向标记水平安装水表。

（3）按要求安装逆止阀、进排气阀，保证其正常工作。

（五）阀门、管件安装规定

（1）法兰中心线应与管件轴线重合，紧固螺栓齐全，能自由穿入孔内，止水垫不得阻挡过水断面。

（2）干、支管上安装阀门时，确保连接牢固不漏水。铝三通螺纹上缠绕塑膜，密封止水。

（3）管件及连接处不得有污物、油迹和毛刺。

（4）不得使用老化和直径不合规格的管件。

（六）施工暂停时应采取下列保护措施

（1）机泵、阀门等设备应放在室内，在室外存放应必须放置于高处，严禁暴晒、雨淋和积水浸泡。

（2）存放在室外的塑料管及管件应加盖防护，正在施工安装的管道敞口端应临时封闭。

（3）应切断施工电源，妥善保管安装工具。

（七）安装过程

要求应随时检查质量。

（八）各项检测资料

要求应全部归档。

三、干管安装

（1）对塑料管规格和尺寸进行复查，管内保持清洁。

（2）承插管安装轴线应对直重合，承插深度应为管外径的 1～1.5 倍，黏合剂应与管材匹配。插头与承插口均涂黏合剂后，应适时承插，并转动管道使黏合剂填满空隙，粘结后 24 h 内不得移动管道。

（3）塑料管套接时，其套管与密封胶圈规格应匹配，密封圈装入套管槽内不得扭曲和卷边。

（4）插头外缘加工成斜口，并涂润滑剂，正对密封胶圈，另一端用锤子轻轻打入套管内至规定深度。

四、支管安装

支管铺设时不宜过紧，使其呈自由弯曲状态，打孔尺寸及位置，用按扣三通时，在支管上打孔应垂直于地面。

五、毛管的铺设安装

（1）铺设毛管的播种机应改装正确，导向轮转动灵活，使毛管在铺设中不被刮伤或磨损。

（2）迷宫式滴灌带铺设时应将流道迷宫向上。

（3）毛管连接应紧固、密封，两支管间毛管应从中间断开。

六、常用的水稻滴灌系统

常用的水稻滴灌系统是"支管＋毛管系统"。水稻滴灌系统和其他作物滴灌系统并没有太大的差异，主要是水源部分增加了增温池，滴头流量小，田间管带布置方式上有差异。新疆天业大田滴灌水稻系统见图 3-6。

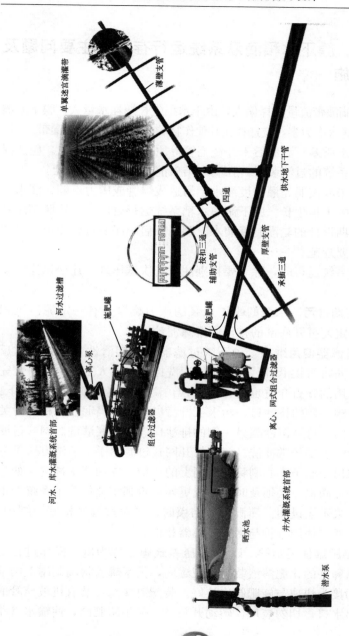

图3-6　新疆天业大田滴灌水稻系统

七、膜下水稻滴灌系统运行存在的主要问题及应对措施

一是滴灌带流量选择偏大，由于水稻生长期耗水量大，膜下滴灌水稻系统滴水次数多，应选择比其他作物的滴头流量小的滴灌带。

二是水质差、滴肥后未冲洗毛管等原因造成堵塞现象。应选择适应滴灌系统的过滤装置，在滴水结束前 30 min 停止滴肥。

三是未能按照轮灌制度灌水。易造成爆管或压力不够、灌水不均匀，影响水稻生长。膜下滴灌水稻系统运行时，严格按照滴灌系统建设初期设计的轮灌制度灌水。阀门开启顺序要符合要求，设备运行管理要规范。

滴灌系统运行时，除了要特别注意初次试压外，还应该注意以下问题：

1. 定期排污 水泵的维护水泵的压力罐自身有一定泥沙沉积作用，要定期打开底部的排污阀排除泥沙。

2. 过滤器使用维护 砂石式过滤器须定期清洗方法是通过反转水流方向将污物沿排污阀冲出。清洗控制可由人工或自动系统完成，过滤用的砂石介质也要定期更换。离心分离式清洗过程如下：打开沉沙罐一侧的排沙口，污水从排污口排除。当泥沙沉积多时关闭入水阀门，打开沉沙罐另一侧的排沙口进行彻底清洗。网式过滤器在运行时也要经常冲洗。定期打开网式过滤器手工清洗方法是拆开外盖取出用刷子小心刷除掉滤网上的污物一并用清水冲洗。如净滤网、密封圈损坏必须及时修补或更换，否则将会使整个系统严重堵塞，后果不堪设想。灌溉季节结束时，要对过滤底检修、维护，叠片式过滤器使用维护与网式过滤器相似。

3. 施肥罐使用维护 以 10 L 压差式施肥罐为例。操作过程是首先把稀释好的化肥溶液装入施肥罐内，关紧罐盖将施肥罐上两根软管上的接头快速与施肥阀连接好。装配时注意，装有机玻璃管的一端为出水口，切勿装反。转动开关后，关小施肥阀，使输水管路

两边形成一定的压力差（根据施肥速度要求调整阀门）。在压力作用下，罐内的肥料通过输肥进入阀后面的输水管道进行施肥。施肥罐工作时，有机玻璃管中的小浮球应处于中间位置。若不居中，应调整施肥阀或有机玻璃管底部螺帽。每罐施肥时间为 $30\sim60$ min，当施肥罐内肥料溶液浓度接近零时，即需重新添加肥料。滴完肥料后，用清水把施肥罐冲洗干净以备下次使用。每次施肥后，应用清水洗一定时间，以免肥液残留在滴灌管内，腐蚀罐体。滤网、密封圈损坏的应及时修补或更换。定期打开压力罐底部的排污阀，排除泥沙。为节省投资，施肥罐可在几个小地片轮流使用。滴灌施肥应按生育期确定施肥种类和施肥量。

4. 管网安装与维护　PVC 管道安装方式主要有黏合剂黏接承插法和密封橡胶圈承插法。PE 管道安装采取管口加热承插固定法。干管、支管均要铺设在冻土层下，末端设排水口。注意管道安装时要避免泥土砂石落入管道，管道各接口处在回填土前一定要垫平。安装结束后，应对管道进行一次彻底冲洗。为了避免管道内沉积物积聚，每个灌溉周期都要冲洗 $1\sim2$ 次。

5. 管道运行维护　系统初次运行时，应打开所有管道进行冲洗，以免施工安装时带入泥土、砂粒和钻孔留下的塑料碎片等污物堵塞滴头，发现管道漏水时，应查找原因，更换管道、三通等处损坏的密封胶带、密封圈，更换或修补破损的水管。

6. 滴头堵塞的清理　对于管内碳酸盐沉淀引起的局部堵塞，可用酸液冲洗法。即在水中加入 0.5% 或是 2.0% 的盐酸，用 1 m 的水头压入滴灌系统中停留 10 min，即可清除。对于有机物引起的堵塞，可用压力疏通法，即用 707 kPa 的高压空气或水冲洗滴灌系统。注意压力不可过大，以防压裂管道和滴头。对于可拆卸式的滴头堵塞，应予拆卸清洁。

第五节　膜下滴灌水稻系统运行管理

膜下滴灌水稻系统以轮灌的方式运行。它的好处是能提高设备利用率，增加灌溉面积。它一般是将干管、支管分成若干组，由干管轮流向支管供水，支管轮流向毛管供水。一条支管所控制的面积为一个灌水区，由若干个灌水区构成一个轮灌组。

一、膜下滴灌水稻系统运行——轮灌

（一）分组轮灌

1. 划分轮灌组的原则　各轮灌组控制的面积应相等或接近，保证水泵工作稳定、效率提高。轮灌组的划分应考虑田管和灌溉的要求。为了便于运行、操作和管理，通常一个轮灌组管辖的范围宜集中连片，轮灌顺序随膜下滴灌水稻的实际情况而定。

2. 轮灌组数的确定

按膜下滴灌水稻的需水量，全系统划分轮灌组数如下：

$$N \leqslant CT/t$$

式中：N——轮灌组的数目，个；

C——系统 1 天的运行小时数，一般 C 为 18～22 h；

T——灌水时间间隔（周期），d；

t——一次灌水延续时间，h。

（二）确定轮灌分组

（1）每道分干管上选一条支管进行流量计算。根据选择不同长度的支管，计算支管所带毛管的数量，根据支管所带毛管的长度，计算出每道支管的流量。如一条支管的水量计算：毛管长度×滴头间距×滴头流量×毛管道数。

（2）假如系统所选水泵流量为 200 m³/h，系统中相邻两条分干管上每条支管的流量分别是 45 m³/h 和 40 m³/h，可考虑每道分干管上同时选两条支管组成一个轮灌组，则该轮灌组所需流量为 45＋45＋40＋40＝170 m³/h，与水泵出水量 200 m³/h 接近。

（3）每道支管长度×每 667 m² 毛管长度，假定为 0.31 hm²。

（4）假定整个系统控制面积是 5.55 hm²。轮灌组数为 17.7 个，取 18 个。

（5）计算每 667 m² 每小时滴水量，即水泵流量/一个轮灌组控制面积。

（6）计算一次灌水延续时间。

（7）如首部工作压力在设计要求工作压力范围内，田间毛管的工作压力在毛管前端可达到 0.007～0.1MPa，证明轮灌工作制是合理的。如毛管压力过高，可考虑在相邻的分干管上再开一条支管。如毛管压力太低可考虑在已组合的轮灌组分干管上少开一条支管。再按调整后的支管组合，确定轮灌分组，制定轮灌工作制度。支管组合时应尽可能与设计工作制度每道分干管开启的支管数量相符。为方便操作，可考虑选择相邻或相近的分干管上的支管进行组合。组合后的总水量要与水泵流量相近。系统工作压力要满足滴灌带工作压力要求。

（三）膜下滴灌水稻轮灌运行的原则

一个滴灌系统的正常运行，能否充分发挥其作用与种植作物的品种、总需水量和各生长阶段的需水量等有关系。

1. 种植作物的结构变化对运行的要求　同一个滴灌系统中，种植的作物种类及其比例对轮灌运行是有直接影响的。若一个滴灌系统内种植的均为同一种作物，则就可以按照最有利的运行方式进行运行。若种植的作物不同，则要尽量做到同一轮灌组内种植同一种作物，以利于轮灌组按设计运行。若不能做到这一点，则要求同一轮灌组内的面积不能超过设计运行的面积，不能为了照顾某一种作物在一个轮灌组内灌水而任意扩大该轮灌组的面积。

2. 膜下滴灌水稻需水高峰期的运行　膜下滴灌水稻系统设计时，首部枢纽和管网系统及与之配套的各种附属设施的容量、能力等均是按照水稻需水量峰值的要求进行的，因而，膜下滴灌水稻需水高峰期，系统运行必须严格按设计分组及所确定的各种运行参数运行，不能随意改变轮灌分组及改变运行参数。否则，系统就不能正常运行，达不到设计要求，严重时将导致系统损坏或其他严重后果。

3. 膜下滴灌水稻生育期各阶段的运行 膜下滴灌水稻生育期各阶段，其日耗水强度是不一样的，比设计时采取的日耗水强度峰值要小。此外，由于生长期各阶段降雨、地下水补给条件的变化，膜下滴灌水稻需要的灌溉补充强度也是不同的。因而，首先要合理地确定膜下滴灌水稻整个生育期的设计灌溉制度，求出各阶段的灌水定额，以对膜下滴灌水稻的各生长阶段实施适时适量的灌溉。

4. 各阶段的灌水量不同 要按设计、施工条件下的轮灌分组进行运行，按本阶段膜下滴灌水稻的日耗水强度及灌溉补充强度求出灌水器一次灌水延续时间运行，以适应膜下滴灌水稻日耗水强度减小的情况。

二、膜下滴灌水稻系统的运行管理

滴灌系统由过滤系统、输水管道、田间供水系统三部分组成。过滤系统主要作用是将水过滤，排出污水，控制水流，自动释放系统中的压力。计算水量、给水中注入肥料、排除系统中的空气及开关水源。根据功能及不同的水源、水质条件分为碟片式过滤器、网式（可控制过滤器）、离心式过滤器、介质过滤器，或者是以上几种的组合式。通过过滤后，将水输入输水管道。输水管道主要由PVC管材及各种PVC管件组成，主要作用是输送水。田间供水系统是与用户密切相关的部分，而且是最易磨损和损坏的部分，由田间支管、田间阀门、滴灌管等组成。田间系统主要作用是输送水、控制水量、由田间阀门调节压力及开关水源、排出污水，目的是给作物供水。

（一）管网的运行管理

每次运行前要先进行冲洗。定期检查管网运行情况，如有漏水要立即进行处理。系统必须严格控制在设计压力下运行。系统第一次运行前，需进行调试。可通过调整球阀的开启度来进行调压，使系统各支管进口压力大致相同。轮灌时，采用先开后关的方法。即灌水时每次开启一个轮灌组，当一个轮灌组结束后，应先开启下一个轮灌组，再关闭上一个轮灌组。严禁先关后开。每年灌溉季节应对地埋管进行检查、维修，冲尽泥沙，排净存水。田管人员在田间作业时要认真、仔细，不能损坏滴灌带。

（二）地面管道管理

支管应摆放顺直，与出地三通安装牢固。滴灌带平口剪断，与按扣三通安装应牢固、顺平，不得扭转。

（三）每年定期对支管进行冲洗

冲洗时，待尾端出清水后，关闭支管阀门。

（四）水泵

灌水前，要检查和检修。启动水泵前，打开排气阀，使水充满整个泵体，待水满后关闭排气阀。严禁无水启动运行。通过面板电压表检查三相电压是否平衡。电流、电压正常且水泵充满水时，按"启动"按钮，注意观察泵体电流、电压的变化和水泵的工作状态。如果一次启动失败，则须经过 7 min 左右的时间后，方可进行第二次启动。工作时应注意检查电机温度和异常噪声，发现异常应立即停止运行。水泵每天工作时间不要超过 20 h。

（五）过滤器

1. 离心式过滤器　根据水质，定时打开集沙罐排沙球阀，排除罐内积存的泥沙。

2. 砂石过滤器　系统运行前须进行 1 次反冲洗；系统运行一段时间后，过滤器中污物积聚。当砂石过滤器进出水管之间的压力差超过 0.03～0.05 MPa 时，应进行反清洗。

3. 网式过滤器　系统运行前，逐个检查网芯有无破损。如有破损立即更换；系统运行时，随时观察进出口压力表，当压力差超过 0.05 MPa 时，单个关闭进出蝶阀，抽出网芯用清水冲洗干净，按要求装配好网芯，不得碰破；依次逐个将网芯清洗干净，将过滤器金属壳内的污物用清水冲净；灌水季节结束，冬季来临前，必须将过滤器内的存水排净。

（六）施肥罐

打开施肥罐，将所需滴施的肥（药）倒入施肥罐中。打开进水球阀，进水至罐容量的 1/2 后停止进水，并将施肥罐上盖拧紧。施肥时，罐体内肥料必须溶解。施肥时，先开施肥罐出水球阀，再打开进水球阀使其前后压差增加约 0.05 MPa。通过增加的压力把罐中肥料带入管网之中。滴灌完一轮灌组后，将两侧蝶阀关闭。先关进水阀后关出水阀，将罐底球阀打开把水放净，再进行下一轮灌组施肥。滴施肥、药应在每个轮灌区滴水 1/3 时后才可滴施，并且在滴水结束前 0.5 h 必须停止施肥、药。轮灌组更换前，应有 0.5 h 的管网冲洗时间。

（七）首部枢纽的运行管理

灌溉季节开始前，将首部设备重新安装连接，并检查水泵、动力设备、过滤装置、施肥罐及其相应部件的连接是否正确，对首部各设备进行清洗。每个轮灌组工作前要先对过滤器进行清洗。首部设备应严格按设计流量与压力进行操作，不得超压、超流量运行。系统运行过程中，应认真记录。灌溉季节结束时，对首部设备进行全面清洗、检查和保养，有问题的要进行维修。若金属涂层有损坏或生锈的，应除锈后重新刷漆或喷漆。将压力表、排气阀等小件易拆卸丢失的部件，拆下后妥善保管，以备下一个灌溉季节使用。

（八）滴灌系统维护措施

1. 水质处理　灌溉水源为井水，井水有机物含量低而沙子等固体颗粒含量高，采用过滤器进行处理。对于井水中超浓度的铁、锰和无机盐，可适当添加化学剂进行化学处理。

2. 管道冲洗　为保持管道系统清洁，必须定期对管道系统进行冲洗，水质越差，冲洗应越频繁。在滴灌系统中，由于管道末端流速低而易产生沉淀，污物常集中在管道末端，并且存留在管中的水也成为微生物和固体颗粒沉淀发育的原因。因此，应当重点冲洗支毛管道。同时，对主干管进行冲洗也有助于防止污物进入支管、毛管。

（1）干管冲洗步骤　①关闭所有下一级管道阀门；②打开干管排水阀；③冲洗 20 min；④减少流量，关闭所有首端。

（2）支管冲洗步骤　①同时打开 5～10 个支管末端；②冲洗已打开的管道 5 min，直至流出清水；③关闭支管首端。

（3）毛管冲洗步骤　①同时打开 5～10 个毛管末端；②冲洗已打开的毛管 20 s，直至流出清水；③关闭毛管首端。

3. 检查压力和流量

（1）检查过滤器进出口压力，其压差较大时，对过滤器进行清洗。

（2）检查支管入口压力。

（3）随机检查数条毛管入口压力及末端压力。

（4）用量筒随机抽查数个滴头的流量。

对于毛管冲洗，也可安装自动冲洗阀，冲洗阀安装在毛管末端，在灌溉停止时可排出积在毛管内的脏物。其特点是：在灌溉结束或刚开始灌溉的短暂间压力较低，此时阀门自动会打开进行冲洗，压力再升高时或预定的流量已通过该阀时，阀会自动关闭。

三、膜下滴灌水稻系统运行可能出现的问题——低压运行

确保膜下滴灌水稻系统的工作压力正常，是滴灌系统能否发挥效益的基础。膜下滴灌水稻系统低压运行的后果是：当滴头压力下降时，灌水均匀度就差，在设计完成的系统内一旦遇此情况，作物长势必将不均匀，直接影响到作物的产量和经济效益的高低。同理

在膜下滴灌水稻系统内任意改变滴灌带的规格，也将影响到系统运行效益的发挥。严禁滴灌系统低压运行。滴灌管理首部运行压差不得大于 0.12 MPa，毛管末端压力不得小于 0.08 MPa。

（一）大田滴灌系统低压运行成因分析

滴灌由于其运行成本低、节水效果显著等优点，已经成为许多国家和地区首选的灌水技术。滴灌技术的应用在高效发展，但是在发展的同时也存在以下问题：

1. 滴灌滴头堵塞　由于滴灌带滴头孔径狭小，造成了滴灌滴头易堵塞的问题。灌溉水中含有的泥沙和有机物达不到滴灌水质的标准，设计中简化了过滤配置或过滤系统配置不合理等问题影响了系统正常工作。例如，泥沙等杂物被抽入管道，堵塞了管道口，使水流不通畅，滴灌口流出的水不均匀，甚至滴头根本无法滴出，这严重地影响了系统正常运行，停用闲置的滴灌工程中有 1/3 是过滤系统出了问题。

2. 滴灌设计影响　灌水区的轮灌过程尤为重要，但是在实际轮灌中，工作人员忽略了很多因素。比如水损的大小，很多都是估算出来的，没有经过精确的计算；地形的高低起伏未充分考虑，逆坡时，在重力作用下压力会下降，但是该现象却被忽略；水损计算不正确，在水泵选型、起始水头计算上都存在干扰。为此，在轮灌阶段，应尽量精确计算。

（二）大田滴灌系统低压运行解决措施

针对大田膜下滴灌系统低压运行成因分析，最终确定影响滴灌低压运行的主要原因有：滴灌带堵塞或漏水、设计与实际应用偏差过大、水泵选型不合理、过滤器选型不合适或过滤效果不好、灌水水温达不到最佳灌水水温要求，以及在实际应用过程中运行管理不合理等。这些原因都对滴灌正常运行产生较大的影响，随着时间的延续最终造成滴灌出现低压运行。现针对引起滴灌低压运行成因给出以下解决方案。

1. 滴灌带方面　根据不同的地形地势设计好输配水管网。大田膜下滴灌开始使用的时间是春季播种之后，完成播种、铺膜等工作之后，将支管固定好，再将滴灌管和支管连接起来。放水检查，检查是否有漏水的地方，发现有漏水的地方及时处理。再仔细检查是否有堵塞的地方，如果有堵塞的地方用细铁丝将它打通。在使用过程中由于滴灌带对水质要求很高，要选水溶性较好的滴灌专用肥，以避免滴灌带堵塞。不用易形成沉淀的肥料，不可溶性肥料作底肥在整地时深施土壤中。在滴灌运行期间，应定期进行滴灌带冲洗，防止杂质及不溶性肥料在管内沉淀。

2. 设计方面　膜下滴灌工程的系统设计和施工，应由具有相应资质的设计和专业施工单位来承担。在水头损失方面，不应只进行粗略的估算，应进行精确计算，准确计算出水头损失。在设计过程中，生产厂家、设计单位和水利部门应保持密切的联系，制作出符合技术要求的配件。在进行实际工程安装前宜采用招标形式。管材及配件应从市场合理化采购，严把产品质量关，这是保证滴灌工程质量的前提和必要条件。水利工程建设是效益期长的工程，因此，建设规划必须具有发展的眼光。

3. 水泵方面　水泵的合理选择是系统正常的前提。根据设计任务书要求，在水泵选择方面应通过正规渠道严格选择水泵，水泵是整个灌溉系统的首部枢纽，其是制约滴灌正常运行的前提保障，在组织安装过程中应按照施工标准严格要求，尤其是埋入深度应严格按照当地条件埋设，做到工程质量符合设计要求，尽量减少水泵对整个滴灌系统产生不利影响。灌区电压应得到充分保证，避免水泵非正常条件下运行。

4. 过滤器方面　在通过实际调查和分析、明确灌区水质情况后，合理选择一种或多种过滤器进行过滤工作。过滤器正常工作期间，管理员应时刻注意过滤器滤网出现堵塞甚至漏损情况的发生，避免杂质直接进入滴灌带，造成滴灌带的堵塞。同时，在过滤器工作运行一段时间后，应进行过滤器的冲洗工作，避免出现过滤器的堵塞，影响出水量和过滤能力。

5. 灌水水温方面 由于地下水水温和灌水需求的水温差距偏大，应安装必要的设施进行水温测量，确保水温符合灌水水温要求。在必要情况下，可以建造灌水池，在起到沉淀的同时也能解决水温的问题，为整个灌水系统的正常工作起到推动作用。

6. 运行管理方面 膜下灌溉是农业农村发展的生命线，部门还应该高度重视灌溉大田水利工作，建立起农田水利建设健康发展的长效机制。加强对滴灌工程的管理，建章立制，明确责任，专人管理，加强工程设施、设备的使用、保养及维修等日常管理，做到各负其责，通过先进的管理延长设备的使用期限，充分发挥节水灌溉效益。

四、膜下滴灌水稻系统的组织管理

根据滴灌系统所有权的性质，应建立相应的经营管理机构，实行统一领导、分级管理或集中管理，具体实行工程、机泵、用水、用电等项目管理。为提高滴灌工程的管理水平，应加强技术培训，明确工作职责和任务，建立健全各项规章制度，实行滴灌产业化管理。建立滴灌岗位责任制，明确滴灌使用者的职责和应尽的义务，使滴灌的管理工作做到管理有序、有章可循。膜下滴灌水稻系统的使用者应做到熟悉滴灌系统操作规程，对滴灌系统操作运行程序做到应知应会，对所管理的滴灌系统的面积、系统特性要做到心中有数。建立滴灌系统运行记录制度，各滴灌系统从开始运行到结束都必须有完整的工作记录，包括滴水时间、次数、水量、施肥量、施药量及次数和用电量等有关事项，建立起各个滴灌系统完整的使用档案。

第四章 膜下滴灌水稻水肥
一体化水分管理

第一节 水稻膜下滴灌概述

将滴灌带铺设在膜下，利用水管道将灌溉水源送入滴灌带（图4-1），滴灌带设有滴头，通过低压道系统与安装在毛管上的灌水器（滴头，图4-1），将水和作物需要的养分一滴一滴、均匀而又缓慢地滴入作物根区土壤中的灌水方法。滴灌网系统主要由灌水器（滴头）、干管、支管、毛管及管道附件组成。滴灌是按照作物需水要求，使水源不断滴入土壤中直至渗入作物根部，减少土壤水分蒸发，提高作物吸收的水分。

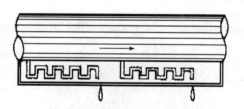

图4-1 单翼迷宫式滴灌带

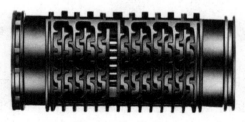

图4-2 内镶式灌水器

一、水稻膜下滴灌的原理

水稻膜下滴灌的湿润形式，根据不同的土质种植膜下滴灌水稻，可根据滴头水的流势，决定布管方式和灌溉时间（图4-3）。

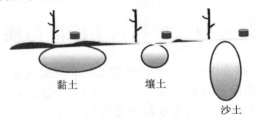

图4-3 不同土质湿润形式

膜下滴灌水在土壤中的移动方式是："洋葱形"（图4-4）。由于滴灌所用的是低流量的灌水器，灌溉水通过毛管张力向下面和侧面移动，少量的水通过重力向下移动。

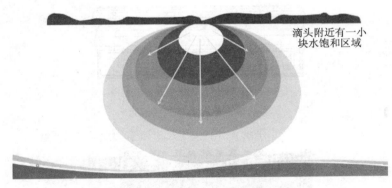

图4-4 膜下滴灌水稻洋葱形湿润峰

土壤水在毛管张力作用下的移动不会滤掉土壤颗粒间的空气，水稻根系周围的空气（氧气）是水稻生长中必不可少的重要因素。

膜下滴灌水稻中水的分配，通过滴灌可将水均匀的分配给田间的每穴水稻，而不需灌溉的水稻行间是保持干燥的。

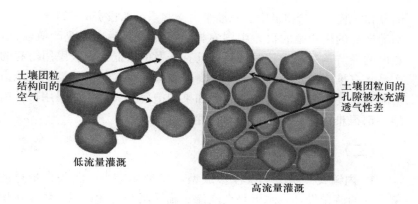

土壤团粒结构间的空气

土壤团粒间的孔隙被水充满透气性差

低流量灌溉

高流量灌溉

图4-5　不同土壤结构流量大小选择

二、滴头

（一）滴头的分类、基本要求和使用特点

　　滴灌系统的水流经各级管道进入毛管，经过滴头流道的消能减压及其调节作用，均匀、稳定地分配到田间，满足作物生长对水分的需要。滴头是滴灌系统中最重要的设备，其性能、质量的好坏将直接影响到滴灌系统工作的可靠性及灌水质量的优劣。滴灌系统常用的滴头有三种：单翼迷宫式、内镶式和压力补偿式。其中，单翼迷宫式为一次性薄壁塑料滴灌带，内镶式可为滴灌带或滴灌管，压力补偿式一般安装在滴灌管上，可根据需要在流水线上安装，也可在施工现场安装。

　　滴头的基本要求和使用特点有：①出流量小、均匀、稳定，对压力变化的敏感性小。滴灌是一种局部灌溉，要求地表不产生径流，因此滴头流量要小。一般情况下滴头流量随系统压力变化而改变，为保证滴头流量均匀稳定，要求滴头具有一定的调节能力，在滴头压力变化时引起的流量变化较小。②抗堵塞性能好。抗堵塞性能好的滴头，不但能够保证系统运行的可靠性，而且可以简化过滤装置结构，降低水质处理所需的高昂费用。③结构简单，便于制造、铺设和安装。④价格低廉。滴灌带占滴灌系统总投资的 30%～40%。滴灌产品的用户是农民，中国农村经济相对落后，农业产值较低，农民的经济承受能力较弱，因此只有开发价格低廉，农民用得起的产品才有推广前景。⑤制造精度高。滴头灌水均匀度除受系统压力影响外，还受制造精度的影响。如果制造偏差大，无论采用哪种措施，都很难保证滴头出水的均匀性。

（二）常用滴头简介

1. 内镶式　滴头一次注塑成型，流量偏差小；滴头自带过滤窗特殊的流量设计，水流呈全紊流；扁平滴头与管在线一体化挤压成型，使用方便，价格低，属经济型滴灌管；在田间易于布置和收取；滴头间距可根据用户要求调整。适用于大田作物，温室蔬菜及花卉林木等的种植。

2. 单翼迷宫式　适用于大田作物，温室蔬菜及花卉果木等的种植。

3. 压力补偿式　适用于果园、葡萄园、树木绿化及高差显著的山地或需要长距离铺设滴灌管的工程。

三、输配水管道

滴灌系统的输配水管道一般有干管、支管、毛管组成，其作用是为各级管道输送所需流量。目前滴灌所用管道大都为塑料管，基本要求如下：

（一）能承受一定的水压力

滴灌各级管网均为压力管网，必须能承受一定的压力才能保证安全输水与配水。

（二）抗老化性能强

滴灌管网中，干管、支管使用年限一般都很长，因此要求具有较强的抗老化性能，以保证管道长期安全、可靠地运行。

（三）规格型号多样化、系列化

为满足各种滴灌系统的不同供水要求，滴灌工程中往往需要各种规格型号的滴灌管材。必须有多种规格、多种型号、系列化的产品供用户选用。

（四）规格尺寸与公差必须符合技术标准

各种管道必须按照有关部门的技术标准要求进行生产。

（五）价格低廉

滴灌管道在滴灌工程中所占比重较大，应力求选择满足滴灌工程要求且价格便宜的管道。

（六）便于运输和施工安装

各种管道均应按规定制成一定长度，以便于运输及安装和减少连接管件用量，节省投资。干管为滴灌系统输送全部灌溉水量。根据滴灌系统灌溉面积可采用一级或两级干管系统，一级干管系统只有一条主干管。两级干管系统由一条主干管和若干条分干管组成。干管一般采用农用 UPVC 管，管长一般为 10 m，一端扩口，两管采用承插方式连接，胶圈止水。支管和辅管在滴灌系统中起控制滴灌带适宜长度、划分轮灌区的作用。滴灌系统中的支管和辅管一般采用 PE 黑管。土壤内部水、肥、气、热经常保持适宜于作物生长的良好状况，蒸发损失小，不产生地面径流，几乎没有深层渗漏，是一种省水的灌水方式。滴灌的主要特点是灌水量小，灌水器流量为 $2\sim12$ L/h，因此，一次灌水延续时间较长，灌水的周期短，可以做到小水勤灌；需要的工作压力低，能够较准确地控制灌水量，可减少无效的棵间蒸发，不会造成水的浪费；滴灌还能自动化管理。

第二节　膜下滴灌水稻土壤水分管理

一、基本概念

作物正常生长要求土壤中水分状况处于适宜范围。土壤过干或过湿均不利于根系的生长。当土壤变干时，必须及时灌溉来满足作物对水分的需要。但土壤过湿或积水时，必须及时排走多余的水分。在大部分情况下，调节土壤水分状况主要是进行灌溉，什么时候开始灌溉，什么时候灌溉结束，需要湿润到什么深度等问题是合理灌溉的主要问题。

在进行土壤水分监测时，必须了解描述土壤水分的几个基本概念。

(一) 田间持水量

在地下水位较深不影响表层土壤的水分状况下，土壤充分灌溉，在土面蒸发很小的情况下，土壤内的重力水渗到深层，此时土壤中所含的水量为田间持水量，常以干土重的百分数表示。在田间持水量时如继续灌溉，此时土壤水分已饱和，过量的水向深层渗漏，造成损失。所以田间持水量是灌溉后土壤有效水含量的上限，土壤质地、孔隙度、有机质含量等因素都会影响田间持水量，但土壤质地是最重要的影响因素，一般的规律是黏土＞壤土＞沙土。下表中列出了我国部分土壤田间持水量的参考值（表4-1）。

表4-1　土壤田间持水量参考值（质量分数）

土壤类型	质地	田间持水量（%）	地　区
黄绵土	沙壤土	18～20	
垆土	壤土	20～22	黄河中下游地区
埁土	壤黏土	22～24	

（续）

土壤类型	质地	田间持水量（%）	地　　区
华北地区非盐土	沙土 沙壤土 壤土 壤黏土 黏土	16～22 22～30 22～29 22～32 25～35	华北平原
华北地区盐土	沙土 沙壤土 壤土 壤黏土 黏土	28～34 28～34 26～30 28～32 23～45	华北平原
红壤	壤土 壤黏土 黏土	23～28 32～36 32～37	华南地区

一般农作物的适宜土壤含水量应该保持在田间持水量的60%～80%为宜，如土壤含水量低于田间持水量60%时就需要灌溉。具体地点的土壤田间持水量应该实验室测定。土壤田间持水量测定常用环刀法，需要用到环刀、天平、烘箱等设备。测定过程非常简单。各地的农业大学及农业方面的研究单位都有测定调节，可以寄送土样测定。

（二）土壤水势及土壤水吸力

1. 土壤水势　自然界中的物体都具有能量。普遍的趋势是自发的由能量高的状态向能量低的状态运动或转换，最终达到平衡的状态。经典物理学认为，任一物体所具有的能量由动能和势能组成。由于水分在土壤孔隙中运移很慢，其动能一般可忽略不计。因此，土壤水分所具有的势能，在决定土壤水分的能态和运动上就变得极为重要。任两点之间的土壤水势能之差，即水势之差，是水分在此两点间运动的驱动力。

2. 土壤水分的势能　不可能也没有必要确定其绝对数量。为此，可选定一个标准参考状态，土壤中任一点的土水势大小，可由该点的土壤水分状态与标准参考状态的势能差值来定义。一般取一定高度处，某一特定温度（常温或与所涉及土壤水温度相同）下、承受标准大气压作为标准参考状态。土水势是由各种力产生的分势的综合，土水势的单位一般用 kPa 表示。

当研究土壤、水和植物三者关系时，主要考虑基质势和溶质势，其他的分势也影响植物对水的吸收，但与以上两个分势相比微不足道。生产实际中采用的田间持水量是以上水势为 30 kPa 的土壤含水量为基础的，植物萎蔫时的土壤水势其范围从 $-2.0 \sim -1.0$ MPa，平均约为 -1.5 MPa 一般可以作为表征植物永久萎蔫的土壤水分状况的一种近似值。

3. 土壤水吸力　在水势的各分势中，有两个分势即基质势和溶质势的数量为负值。使用时多有不便之处。为此，习惯上将这两个分势的绝对值定义为吸力，有时也称为张力或基质吸力。土壤的基质势主要是由于土壤胶体对水分子的吸附所引起的。干旱土壤的基质势可低到 -3 MPa，但在潮湿土壤中基质势接近 0。土壤中重力势为负值是由于土壤中毛细管作用所造成的。水具有很高的表面张力，它驱使空气-水界面缩小，当土壤干旱时，水分退出大孔隙，而进入小孔隙，空气和水的界面被拉伸，形成弯月面，在弯月面下的水受到拉力，便产生了负的压力。研究田间土壤水分运动时，溶质势一般不考虑。在非盐碱土上，在潮湿的土壤中，土壤溶液的渗透势时决定土壤溶液水势主要成分。当土壤含水量达到田间持水量时，土壤溶液水势接近 0，约为 -10 kPa。

土壤水吸力有严格的物理意义，它能较形象的表示出土壤基质对水分的吸持作用，同时又避免了使用负数，故该术语常被采用。基质势越大则吸力越小，基质势愈小则吸力越大。土壤水运动的自发趋势是吸力低处向吸力高处流动。

4. 土壤水分特征曲线 土壤水的基质势或土壤水吸力是随土壤含水量而变化的，土壤水的吸力和土壤含水量的关系曲线称为土壤水分特征曲线。土壤水分特征曲线表示的是土壤水的能量和数量之间的关系，是研究土壤水分的保持和运动所用到的反映土壤水分基本特性的曲线。

土壤水分特征曲线，目前尚不能根据土壤的基本性质从理论上分析得出，只能由实验室测定。测定的方法为吸力陶瓷平板仪法，工作原理为水柱平衡法，整个装置由水位瓶、供水瓶、沉淀瓶和石英砂浴组成。另一方法为砂箱法，一般需要由专业人员测定。目前，我国尚无各种质地土壤的水分特征曲线供参考。

土壤质地、结果、温度、水分运移方式等因素对土壤水分特征曲线均有一定的影响。不同质地、结构的土壤表现出不同形式的土壤水分特征曲线，说明了土壤水分对植物有效性的大小和范围，如一般在相同含水率下沙土的土壤水吸力比黏土的要小。对于同一种土壤，则相同含水率下干容重大的土壤水吸力要比干容重小的土壤水吸力大。这说明在相同含水率下作物根系从沙土中吸水要比从黏土中容易。从干容重大的土壤中吸水要比从干容重小的土壤中吸水困难。吸水与释水过程的土壤水分特征曲线不同，是由于滞后作用所产生的，在同样持水条件下，脱湿过程的吸力较吸湿过程的吸力为大。土壤从饱和到干燥和从干燥到饱和的水分特征曲线为滞后作用的主线，可分别称为脱湿曲线和吸湿曲线。

二、土壤水分监测

（一）指测法

在整个生长季节使根层土壤保持湿润就可满足水分需要。如何判断土壤水分是否适宜？这里介绍一个简单的方法。用小铲挖开根层的土壤，抓些土用手捏，能捏成团轻抛不散开表明水分适宜。捏不成团散开表明土壤干燥。这种办法适用于沙壤土。对壤土或黏壤土，抓些土用巴掌搓，能搓成条表明水分适宜，搓不成条散开表明干旱，黏手表明水分过多。

对马铃薯而言一般保持土壤表层至深度 40 cm 处于湿润状态最好。由于滴灌的滴头流量多种多样，有时有降雨，很难给出一个准确的每次滴水时间。另外，马铃薯在不同阶段需水量不同，也很难给出准确的滴灌间隔时间。最好的办法就是边滴边挖土层观察湿润深度。湿润深度达到 40 cm 就停止灌溉。然后隔天观察土壤湿度情况，变干再开始下一次灌溉。经过几次这样的实践，一般都能掌握正确的灌溉操作。

（二）张力计法

张力计可用于监测土壤水分状况并指导灌溉，是目前在田间应用较广泛的水分监测设备。张力计测定的是土壤的基质势（土壤水吸力），并非土壤的含水率。根据土壤水分特征曲线，可以由张力计读数找到对应的土壤含水率，从而了解土壤水分状况。

1. 张力计的构造　张力计主要由三部分构成。①陶瓷头：上面密布微小孔隙，水分子及离子可以进入。通过陶瓷头上的微孔土壤与张力计贮水管中的水分进行交换或流动；②贮水管：一般由透明的有机玻璃制造。根据张力计在土壤中的埋深，从 15～100 cm 不等。因为张力计长时间埋在田间，贮水管长度要求贮水管材料抗老化，经久耐用；③压力表：安装于贮水管顶部或侧边。刻度通常为 0～100 cbar。

2. 张力计的工作原理　张力计测量的是土壤的水势（水分张力），是一个强度量，而非土壤水分的实际含量。使用时，先在贮水管内装满水并密封。然后将陶瓷头埋入土壤，当土壤干燥时，此时土壤的水势低于贮水管的水势（水势为 0），此时贮水管内的水分通过陶瓷管进入土壤，贮水管内的水被吸出而产生一定体积的真空，形成负压。水被吸出越多，真空体积越大，负压越大，形成的负压通过与贮水管连通的压力表以数位表示。土壤越干燥，负压值越高；反之，当土壤变得湿润时（灌溉或降雨），此时土壤水分进入贮水管,贮水管的负压减小,压力表回零。

应用土壤水分特征曲线可以将某一特定土壤的水分张力直接转化为水分含量,可以利用压力表读数直接换算。土壤水分特曲线是张力计工作的理论基础。

3. 张力计使用方法

(1) 按照说明书连接好各个部件,特别是各连接口的密封圈一定要放正,保证不漏气漏水。所有连接口处勿旋太紧,以防接口处裂开。

(2) 用比张力计的管径略大的土钻先在土壤上钻孔(张力计计划埋多深即钻多深)。一定要保证张力计埋设的地方土壤质地是均匀的。

(3) 将张力计贮水管内装满水(对正规的试验观测用去离子水,用前烧开沸腾,冷却后使用。对生产而言,建议用普通水即可),旋紧盖子。加水时要慢,尽量避免管道内有气泡出现,必须将气泡驱除。加水时建议用注射针筒或带尖头出水口的洗瓶。

(4) 用现场土壤与水和成稀泥,填塞刚钻好的孔隙,将张力计垂直插入孔中,上下提张力计几次,直到陶瓷头与稀泥密切接触为止(张力计安装成败的关键是陶瓷头必须和土壤密切接触,否则张力计将不起作用)。

(5) 待张力计内水分与土壤水分达到平衡后即可读数(不同土壤质地和水分状况达到平衡的时间存在差异,通常都有几小时之久)。张力计一旦埋设,不能再受外力触碰,对于长期观察的张力计,应设保护装置,以免田间作业时破坏。

如前所述,张力计指导灌溉的理论基础是土壤水分特征曲线。但应用实验室的陶瓷板法测定耗时且需要专用仪器。作者在田间现场测定该曲线,其精度可以用于生产水平。具体做法是:在田间埋好张力计(30 cm 深),等张力计与土壤平衡后开始滴灌,滴至张力计的读数为零为止。此时取另一滴头下的土壤 20~30 g 用酒精燃烧法快速测定土壤水分含量。以后张力计每升高一定值,即取样测定含水量。

土壤为花岗岩母质发育的赤红壤，一方面含大量未风化完全的砂砾，另一方面为粒径很小的黏粒，所以对土壤质地很难界定。其有效水分含量在 7.5%～14%。当 30 cm 张力计读数达 15kPa 时开始滴灌，滴到 60 cm 张力计读数为 0 为止。当操作人员了解了土壤湿度的变化规律后，凭经验也可做到精确灌溉。

在实际管理中，不但要看张力计读数，同时还要考虑作物的生长发育特点。如荔枝在整个果实生长期和放梢期均保持土壤维持良好的水分条件，但冬季则要控制灌溉，以使土壤适度干旱。

应用张力计法能否准确反应土壤水分状况，与土壤情况及张力计的安装有密切关系。用户在选用张力计时一定要明白其使用范围（如沙土、过黏土壤、无土栽培基质不适用），同时要了解安装要求。许多用户抱怨张力计不准确，主要原因为适用范围不对及安装不规范。同时张力计只在部分土壤水分张力范围下才有效。当土壤越来越干时，土壤中的空气会渗入到多孔陶瓷头中并干扰压力测量。另外，张力计所测得的土壤湿度只是某个固定点的值，所以每个灌溉区都应在不同深度进行测量。一些厂家制造的张力计精度低，材料质量差，也影响了张力计的使用。

（三）石膏块法

通常土壤的湿度越大电阻越小，测定土壤的电阻值即可知道土壤的水分状况。通常将一组电极锂设于石膏块中作为湿度传感器，将其埋于土壤中后，其电阻值即随土壤湿度变化而变化。从石膏块中引出两根导线，测定两个电极间的电阻即知道土壤含水量。

要得到可靠的测定结果，必须保证石膏块与土壤之间接触良好。石膏块可以永久性的埋在需要的深度，埋在土中的石膏块可维持 3～5 年的寿命。这种方法非常方便，测量范围宽，土壤很干燥和水分饱和都可以测定。特别是张力计不适宜的沙土与黏土，以及土壤非常干燥时，石膏块法表现好。要进行多次测量，可以将传感器与数据采集仪连接起来。

（四）中子探测器法

这种方法的原理是中子从一个高能量中子源发射到土壤中，中子与氢原子碰撞后，动能减少、速度变小，这些速度较小的中子可被检测器检测到。土壤中的大多数氢原子都存在于水分子中，所以检测到的中子数量可转化为土壤水分含量。转化时，因中子散射到的土壤体积会随水分含量变化，所以也必须考虑到土壤容积的大小。在相对干燥的土壤里，散射的面积比潮湿的广。测量的土壤球体的半径范围为几到几十厘米。中子水分仪型号多样，国产进口都有测定快速。不足之处为价格较高。

（五）时域反射仪法（TDR）

这个方法是基于水分子的带电性质。水分子具有导电性而且是极性的，还具有相对较高的绝缘灵敏度，该绝缘灵敏度也可代表电磁能的吸收容量。设备由两根平行的金属棒构成，棒长为几十厘米，可插在土壤里。金属棒连有一个微波能脉冲产生器，示波器可记录电压的振幅并传递两根棒在土壤介质不同深度时它们之间能量瞬时变化。由于土壤介电常数的变化取决于土壤含水量，由输出电压和水分的关系则可计算出土壤含水量。时域反射仪有进口也有国产，型号多，是水分速测的主要仪器，测定速度快，适用范围广，也可用于定点监测，不足的是价格昂贵，难以用于指导生产。

（六）土壤湿润前峰探测仪法

土壤湿润前峰探测仪法（Front Detector）是由澳大利亚联邦科学与工业研究组织（土地与水分部）斯特尔扎克博士（R. J. Stirzaker）的研究成果。现由南非的阿革里普拉思有限公司生产。"湿而停"是其商标名。该检测仪由一个塑料漏斗、一片不锈钢网（作过滤用）和泡沫浮标组成，安装好后将漏斗埋入根区。当灌溉时，水分在土壤中移动，当湿润峰到达漏斗边缘时，一部分水随漏斗壁流动进入漏斗下部，充分进水后，此处土壤处于水分饱和状态，自由水分将通过漏斗下部的过滤器进入底部的一个小蓄水管，蓄水管中水达到一定深度后，产生浮力，将浮标顶起。浮标长度为地面至漏斗基部的距离。用户通过地面露出部分浮标的升降即可了解湿润锋到达的位置，从而做出停止灌溉的决定。当露出地面的浮标慢慢下降时，表明土壤水减少，或湿润锋前移，下降到一定程度即可再次灌溉。

湿润前锋检测仪可以用来制订灌溉计划。水分到达某一深度的时间与土壤的初始含水量有关。如果灌溉前土壤是干燥的，由于水分在移动过程中要填充土壤孔隙，湿润锋移动很慢，要使测仪有反应需要较长时间（即灌溉的时间长）。如果土壤灌溉前湿度大，则湿润峰移动的速度快，因为土壤孔隙已被水饱和。此时检测仪检测到湿润峰的时间就短。

湿润峰检测仪从结构、用法上都非常简单，用户可直观了解其工作过程，湿润峰是否到达预定的土壤深度有明确的答案（表4-2）。该设备适应性广，各种土壤间无需校正。当只需维持土壤一定湿度时，用它监测土壤水分状况非常方便。如浮标沉下去，开始灌溉；浮标浮起来，停止灌溉。

表4-2　土壤湿润前峰检测仪浅层和深层浮标的含义

浅层浮标	深层浮标	含义	采取措施
落下	落下	水分不足	加大灌溉量或缩短灌溉间隔时间
	落下	水分以到达根区底部	理想状况。但在高温季节或作物蓄水最大效率期，要增加灌溉。深层浮标应不时升高，表明根系处于湿润状况
升高	升高	湿润峰已至根区以下	如果这种情况经常发生，表明灌溉过量。减少灌溉量或增加灌溉间隔
落下	升高	土壤或灌溉不均匀或土表不平整	保证土表平整，灌溉水不存在径流。检查灌溉均匀度或滴头是否移位

漏斗底部的蓄水管可以储存土壤溶液，可用一条细管将其吸

出，供监测硝态氮、电导率、pH 等，从而了解是否存在养分淋溶和盐分累积问题。

　　土壤湿润前锋检测仪通常要两支同时使用。一支浅埋，一支深埋。对滴灌来讲，检测仪要埋在滴头的正下方。通常情况下浅的一支埋在 30 cm 左右，深的一支埋在 60 cm 左右。具体的深度应根据根层分布深度而定。对喷灌和微喷灌而言，检测仪要埋的得浅一点。一般埋 20 cm 和 40 cm 两个深度。

　　虽然文献中有无数的制订灌溉计划的研究数据，但能够直接应用的很少。现实情况是绝大部分用户是根据经验指导灌溉。可通过观察树体的水分状况及挖开土壤察看，确定灌溉的开始时间。根据土壤的湿度变化，确定灌溉停止的时间。经过几次的观察和比较，一般用户都能凭经验做到"精确灌溉"。用张力计监测土壤水分状况也是一种简易而实用的办法。张力计使用的理论指导是土壤水分特征曲线，较复杂，不易获得。用户需针对具体土壤的水分特征曲线测定。张力计价格低廉、实用耐用，其精确度可满足生产水平的要求。土壤湿润前锋检测仪结构简单，使用方便。但该产品刚推向市场不久，目前价格偏高，用户可能一时难以接受。其不足之处是土壤必须有水流存在，否则贮水管中储存不到水。当灌溉达不到水分饱和时，起不到监测作用。该方法用于滴灌的水分监测通常得不到准确的数据。

第三节　膜下滴灌水稻土壤养分管理

　　在我国粮食作物中，水稻具有举足轻重的地位，全国有一半以上的人口以大米为主食，种植面积居世界第二位，仅次于印度，总产量世界第一。

一、膜下滴灌水稻高产对土壤的要求

　　作物需要的氮磷钾及中量微量元素和水分都主要来自土壤，土壤是一巨大的营养库，是陆地生物所必需的营养物质的来源。土壤养分状况是土壤肥力的重要物质基础，是土壤肥力的主要内容，其丰缺状况直接影响膜下滴灌水稻产量的高低和品质的优劣。

土壤有机质是土壤肥力的一个重要方面，也是衡量土壤肥力的重要指标之一。土壤肥力是土壤物理、化学、生物等性质的综合反映。有机质为作物生长提供必需的养分，增强了土壤保肥保水的能力，增加了土壤对磷素的吸收，有机质在改良土壤结构，促进团粒结构的形成发挥重要的作用，使土壤变得疏松多孔，有机质对土壤松紧度有着极其显著的影响，能增加土壤微生物和土壤酶的活性。土壤有机质是土壤动物、微生物的主要食物，而土壤中这些生物的活动又可加速有机质的分解，并产生各种酸性物质及络合物，加速养分富集，提高土壤养分的有效性。

膜下滴灌水稻在栽培过程中要求土壤有较好的保水性，才能减少灌溉水量的消耗，避免有效养分流失，膜下滴灌水稻地土壤保持一定的渗透量，可随水向土壤输送一定数量的氧气，使氧气能更好地移动和平衡，促进膜下滴灌水稻营养环境的不断更新；膜下滴灌水稻地土中仍然发育着能适应水稻地环境条件的微生物类群，微生物对创造和调节土壤肥力起着重要的作用。

所以，膜下滴灌水稻的高产稳产需要一定的土壤条件：土壤整体构造良好，土壤剖面层次鲜明，耕作层松软，又有一定的渗水性；土壤中养分含量充足而协调，主要营养元素充足，又不缺微量元素，保证在整个生长期间源源不断地供应，不致缺素脱肥，影响稻株健壮生长。土壤肥力越高，土壤的养分和对不良环境的缓冲能力就越高。

二、膜下滴灌水稻对土壤养分的需求

（一）膜下滴灌水稻对氮素营养的需求

氮素的营养作用：一般作物组织平均含有氮素 $2\%\sim4\%$，氮素是蛋白质的基本组成部分，参与作物体内叶绿素的形成，从而提高光合作用的强度，以增加碳水化合物，提高产量。当作物缺氮时，作物的碳素同化能力降低，作物生长明显受抑制，叶色由绿变黄，下部老叶提早变黄，叶片窄小，新叶出的慢，叶数少，茎秆矮短，分蘖少，根少而细短，籽粒不饱满，成熟早，产量低。氮是影响作物生长的最主要元素之一，所以氮在农业生产中具有极其重要的作用。随着现代超高产膜下滴灌水稻品种的大面积推广和应用，氮在膜下滴灌水稻生产中已成为影响膜下滴灌水稻产量的主要因素，其重要性仅次于水。如果吸收氮过多，不但使膜下滴灌水稻后期发生贪青倒伏症状，同时严重影响稻米的品质。在吸收土壤中氮量相同的情况下，中后期增加膜下滴灌水稻吸收土壤中氮的能力，能提高膜下滴灌水稻群体库源质量，提高膜下滴灌水稻群体成穗率，改善抽穗期叶面积指数，提高颖花量和粒叶比。因此，在膜下滴灌水稻抽穗后提高群体光合势和净同化率，可使结实率和千粒重也得到提高。有的研究也指出，膜下滴灌水稻产量与吸氮量呈开口向下的抛物线关系，存在适宜的吸氮量。有研究发现，提高膜下滴灌水稻在分蘖期吸收土壤中氮的能力，有助于提高膜下滴灌水稻整个生育期对土壤中氮的吸收利用率。凌启鸿认为，随着单产水平的提高，单位面积的膜下滴灌水稻生产所需要的养分也相应地提高，其吸收土壤中养分氮也相应地增加。

1. 膜下滴灌水稻吸氮规律　氮是膜下滴灌水稻的生命元素，占水稻植株干重的 $1\%\sim4\%$。据测试膜下滴灌水稻以幼苗至分蘖期植株含氮量最高，为 $3.78\%\sim3.86\%$，以后逐渐降低。膜下滴灌水稻植株吸收的氮，主要是无机态的铵态氮和硝态氮。铵态氮、硝态氮由根系从土壤中吸收，在植株体内转化为有机化合物。膜下滴灌水稻氮素累积量因土壤养分水平和生育进程而异。成熟期植株氮素总积累量和穗部氮素积累量，随吸收土壤中氮的量增加而增加，但穗部氮素积累量占氮素总积累量的比例呈下降趋势。

2. 氮对膜下滴灌水稻生长的作用　膜下滴灌水稻吸收氮素的形态包括 $NO_3^- - N$、$NH_4^+ - N$ 和 $NO_2^- - N$ 等无机态氮，也吸收氨基酸和尿素等小分子有机氮，但通常可供膜下滴灌水稻吸收的有机氮和 $NO_2^- - N$ 并不多。$NH_4^+ - N$ 被吸收后很快在植株根部被同化为氨基酸或蛋白质，或者以氨基酸的形式向地上部运输，优先分配至膜下滴灌水稻生长中心或次生长中心；$NH_3^+ - N$ 被根系吸收后，可以在根内进一步同化为氨基酸、蛋白质，或以氨基酸的形式向地上部转移，也可以 NO_3^- 形式直接通过木质部运送到地上部后进一步同化。$NO_2^- - N$ 也可转化为铵，再参与植物体内氮代谢。一些研究者们发现，NO_3^- 可以促进膜下滴灌水稻侧根伸长、增加对土壤中氮素吸收。NH_4^+ 抑制膜下滴灌水稻对 NO_3^- 的吸收，因此，在这两种离子共存的土壤水溶液中，膜下滴灌水稻首先吸收 NH_4^+。相反 NO_3^- 对 NH_4^+ 的吸收影响较小。应用 ^{15}N 的研究结果表明 $^{15}NH_4^+ - N$ 留在植株体内要比 $^{15}NO_3 - N$ 多。在植株体内，当组织中 NH_3 的浓度较高时，有利于谷氨酸和天门冬氨酸进一步结合一个 NH_3，成为谷氨酰胺和天门冬酰胺。酰胺的形成可以避免 NH_3 浓度过高的毒害作用。

3. 土壤中氮有效性及其生物化学行为　土壤氮素转化包括很多过程，主要有有机氮的矿化、氮素固定、硝化与反硝化、铵离子吸附释放等。土壤氮素是作物吸取氮素的主要来源，而土壤有机氮的矿化是土壤矿质氮的重要源泉，因此，有机氮的矿化一直是研究重点。土壤氮素矿化是微生物参与的生物化学过程，矿化的强度和数量不仅取决于土壤中的有机质含量的多少，而且受温度、水分条件的影响。许多研究者认为可矿化氮可准确预报土壤供氮能力，对矿化速率和矿化参数做了大量工作。土壤耕层全氮或有机质与可矿化氮有很好的相关性，在不同土层的矿化氮量虽与全氮、有机质，特别是与底土层的全氮和有机质有密切联系，但矿化量与有机质之比却相差甚大，这说明可矿氮的数量主要受有机质的组成而非数量决定。

氮的固定作用包括土壤黏土矿物的晶格固定和生物固持两种机制，前者可暂时或长时间储存部分氮以补充和丰富土壤氮库，后者和有机质的矿化是两个同时进行但方向相反的过程，也同样受微生物活动的影响，氮的生物固定对于减少土壤中氮的损失起着重要的作用。微生物是土壤氮素的缓冲器和转运站，研究不同耕作制度下微生物氮的动态成为各国研究热门。土壤微生物不但分解土壤有机氮而且自身更新周转，其矿化氮对植物高度有效，现代农业土壤微生物氮量的季节变化主要受施肥影响。

硝化作用是微生物获得所需能量的作用过程，铵先被亚硝酸细菌氧化成 NO_2^- 再由硝酸细菌氧化成 NO_3^-。王岩比较了猪粪和硫酸铵对硝化活性的影响，发现等氮量情况下，前者硝化率大于后者，在施用有机肥和土壤腐殖质含量高条件下，硝化细菌数和硝化强度都高。反硝化作用有两个机制：一是微生物的反硝化，即在缺氧条件下，由兼性好氧异养微生物利用同一呼吸电子传递系统，NO_3^- 为电子受体，将其逐步还原成 N_2 的硝酸盐异化过程；二是化学反硝化，即 NO_3^- 与 NH_4^+ 作用而脱氮的过程，这一过程在农田土壤中引起的损失不大。温度是影响反硝化的最重要因素，其次是土壤含水量，土壤硝态氮含量只有在黏性土壤上才是最重要的。而在酸性土壤（pH＜5）上，反硝化作用大大下降，这主要是通过抑制土壤微生物作用而引起的。

氮肥对生态环境造成的潜在威胁，使氮肥去向成为科学家们研究的一个重点。作物吸收的氮是土壤氮素去向的重要部分，随着氮肥的大量施用以及优良品种的选用，作物产量有很大的提高，作物带走的氮素的绝对量增加了，但据中国农业大学调查所得，我国农田收获物氮素再循环率已大幅度下降，为 30%～40%。这表明我国农业生产中正面临着氮素资源的极大浪费，是当今我国农业急需解决的问题。

固定态铵是土壤氮素的重要组成部分，在近代农业耕作中土壤的固定态铵主要来源于氮肥和有机肥的大量施用以及生物活动的一些影响。研究表明土壤中有 14%～17% 的氮以固定态铵的形态存在。有报道表明，影响土壤固定态铵的主要因素是黏土矿物组成，高岭石、埃洛石等 1∶1 型黏土矿物几乎不固定铵；2∶1 型黏土矿物才固定铵且其固铵能力随黏土矿物种类不同而异。固定态铵在晶层间的位置不同，被层间电荷吸持的牢固程度亦不同，在一定的条件下作物只能吸收利用某一程度以下的固定态铵。铵的固定使一部分氮素不能立刻被作物利用，有不利影响，但由于有效性远高于生物固持氮，在保肥（降低溶液中铵浓度、防止氨挥发）、稳肥方面有重要意义。同时，固定态铵是土壤氮素内循环的重要环节之一，与其他氮素转化过程密切相关。

许多研究者进行有关肥料氮去向试验时发现，除作物吸收的氮量外，肥料的损失变化范围在 $1\%\sim30\%$。淋溶和反硝化被认为是肥料氮从土壤中损失的两个最重要的过程。硝酸根离子不能被土壤胶体和黏土矿物所吸附，在土壤硝酸盐含量较高和水分运移良好的条件下极易发生淋溶损失，植物在生长季节对氮的吸收可减少土壤中 $NO_3^- - N$，使得 $NO_3^- - N$ 从根区的淋溶损失几乎不发生，除非土壤中氮的使用量超过了作物需要量。因此，氮从根区的淋溶可能在施氮后的 $1\sim2$ 周内发生，在此期间最好不要灌水，当处于高温多雨季节对氮肥施用须特别慎重。另外，硝酸盐的淋失与土壤质地、耕作方式、氮肥类型、作物种类、生长密度以及地下水位都有很大的关系。

土壤硝化作用和反硝化作用均有 N_2O/N_2 的释放，其释放特点及对环境的要求有一定的差异。硝化作用释放的 N_2O/N_2 主要发生在土壤最表层，需要好气环境。而反硝化作用释放的 N_2O/N_2 发生在相对较深土层，需要低氧高湿环境。施肥农田土壤上，反硝化作用所致的肥料氮损失通常占总损失量的 $10\%\sim30\%$。土壤中大量的氮素可通过氨的挥发直接返回大气，当铵态氮肥施用于 pH 大于 7 的石灰性土壤表面时，相当数量的氮以 NH_3 的形式损失，氨的挥发作用可通过 NH_4^+ 被土壤胶体吸附或溶解在土壤溶液中而减弱，挥发过程除随着温度的增高而加速外，地上部空气的流动也会影响氨的挥发，可能引起 NH_3 自土壤表面的转移。

（二）膜下滴灌水稻对磷素营养的需求

磷是作物细胞核的重要成分，对细胞分裂和作物各器官组织的分化发育，特别是开花结实有着重要的作用，它是作物体内生理代谢活动不可少的一种元素。供磷不足就会影响到膜下滴灌水稻体内的各个代谢过程，特别是影响光合作用的正常进行。膜下滴灌水稻吸收磷肥量生育前期高于生育后期，磷多分布于幼嫩器官里，其转移、分配与积累规律总是随着膜下滴灌水稻生育中心的转移而变化。膜下滴灌水稻抽穗后磷从茎叶转移到穗中，参与籽粒的淀粉合成，增加籽粒饱满度，提高膜下滴灌水稻千粒重，增进品质。郭朝晖等（2002）研究认为，磷能促进膜下滴灌水稻根系活力的提高。刘运武等（1996）认为，随着膜下滴灌水稻吸收土壤中磷的增加，膜下滴灌水稻的产量也相应提高；膜下滴灌水稻植株体内含磷量提高，氮、钾含量也相应增加，说明土壤中的磷可以促进稻株对氮、钾的吸收。

1. 膜下滴灌水稻吸磷规律　磷通常以 PO_4^{3-}、$H_2PO_4^{3-}$ 等形态被植物吸收。磷进入植物体后，大部分为有机态化合物，在膜下滴灌水稻体内它是最易转移并能多次利用的元素。膜下滴灌水稻植株中磷的分布不均匀，一般在根、茎、生长点较多，嫩叶比老叶多，种子含磷较丰富。

2. 土壤中的磷对膜下滴灌水稻生长的作用　磷是核酸的组成成分，核酸与蛋白质构成核蛋白。磷脂是植物体内含磷有机化合物，是细胞质和生物膜的重要成分，而核蛋白也是细胞质和细胞核的重要成分。磷还是腺苷三磷酸、辅酶 A、辅酶 I、辅酶 II、黄素单核苷酸等的组成成分，它们都参与膜下滴灌水稻植株体内的生理调节作用。因此，磷对膜下滴灌水稻的意义在于它是原生质和细胞核的组成成分，又是植株体内物质代谢、生长发育和遗传变异等生命活动过程中不可缺少的物质，这些物质既能促使细胞生长，也调节植物体内各个代谢过程，所以磷营养受到广泛关注。

研究证明，植物生长旺盛时期吸收的氮迅速合成蛋白质，在蛋白质大量合成时期，细胞质中的 RNA 含量也显著增加。这时如果缺乏核酸的组成部分——磷，则 RNA 合成受阻，蛋白质数量减少。膜下滴灌水稻缺磷常引起蛋白氮减少，非蛋白氮增加，新的细胞和细胞核形成减少，影响细胞分裂，植株矮小，叶细长，叶片暗绿色、基部叶片为棕红色膜下滴灌水稻生长发育受到阻碍。膜下滴灌水稻植株吸收土壤中磷以后，能形成各种含磷有机化合物。这时，叶片核酸磷和蛋白氮之间存在比例为 128∶172，叶鞘中的比例为 80∶129。由此可见，磷影响核酸形成，从而促进蛋白质合成和膜下滴灌水稻植株的生长，这种作用在膜下滴灌水稻生长初期最为显著。提高膜下滴灌水稻吸收土壤中磷的能力，可促进稻株体内蛋白质合成，能促进钾的吸收，对膜下滴灌水稻分蘖及植株生长都有良好作用，使膜下滴灌水稻抽穗早，抗病性提高，抗旱和抗高温能力增强。

3. 土壤中磷有效性及其生物化学行为　膜下滴灌水稻土中磷含量因成土母质、土壤有机质含量以及施肥不同而异。磷在膜下滴灌水稻土剖面中的分布：耕作层含磷量一般高于底土层。从膜下滴灌水稻营养和施肥角度考虑，土壤有效磷能够较好说明土壤磷素供应水平。膜下滴灌水稻土中的磷一般可以分为两大类，即无机磷和有机磷。其中无机磷含量占 30%～75%，余下的即为土壤有机磷。

（三）膜下滴灌水稻对钾素营养的需求

1. 膜下滴灌水稻吸钾规律　钾能加速作物对二氧化碳的同化过程、能促进碳水化合物的转化、蛋白质的合成和细胞分裂，增强作物抗病力，并能缓和土壤中含氮量过多而引起的有害作用。钾能提高光合作用的强度，土壤中钾素供应充足，作物体内能形成更多的糖、淀粉、纤维素和脂肪，不仅产量高，而且产品的品质好。杨建等（2008）研究认为，钾素能促进和协调对氮、磷的吸收和利用，并很快转化为蛋白质，使叶色青绿，光合作用增强，同时能够提高膜下滴灌水稻根系活力，活化过氧化氢酶，释放大量新生态氧，在根际周围形成氧化圈，提高膜下滴灌水稻抗病力。李卫国等（2001）研究结果表明，土壤中的钾通过影响膜下滴灌水稻生长的不同生理指标，而调节膜下滴灌水稻正常的生长发育；对膜下滴灌水稻基部叶片的过氧化氢酶的形成，表现出明显的促进作用，对膜下滴灌水稻根系活力、株高，剑叶的光合速率，基部叶片的叶绿素含量也有促进作用。张存銮等（2000）研究指出，增加土壤中的钾可以使膜下滴灌水稻基部节间的充实度增加。茎秆是光合产物向穗部运输的通道，茎变粗后必然能使营养物质向穗部运输变通畅，为籽粒的饱满创建良好条件，达到膜下滴灌水稻高产、稳产。

2. 土壤中的钾对膜下滴灌水稻生长的作用　钾与氮、磷营养元素不同，钾不属于植物体内有机物组成成分，以离子状态（K^+）由根吸收进入植物体内，对渗透调节和水分关系以及酶的活化都具有特殊作用。钾在植物体内呈离子状态或被原生质吸附。有效钾在土壤中的含量一般少于 200 mg/kg，但钾对植物新陈代谢作用必不可缺。糖代谢、核糖形成及蛋白质的合成等都需要钾，但钾对蛋白质的亲和力很低，所以为了要保持最理想的酶活性，这就需要高浓度的钾。土壤中含钾充足可使膜下滴灌水稻体内各器官，尤其是茎秆和叶鞘的蔗糖、淀粉及纤维素等含量增加。土壤中钾供应越充足，由叶片运出的葡萄糖越多，由葡萄糖合成蔗糖和淀粉也越多，膜下滴灌水稻穗部合成的淀粉也越多。因此，钾在膜下滴灌水稻孕穗期和抽穗期的作用较大，吸收量也比较多。

3. 钾在蛋白质合成和代谢中具有重要作用　蛋白质合成依赖核酸，核酸对蛋白质合成起着决定性作用。钾则影响核苷酸和核酸的合成作用。因此，钾直接或间接地在蛋白质合成中起着重要作用，钾能提高植株含氮量，促进脯氨酸、核糖核酸和蛋白质的合成。缺钾时氨基酸含量虽高，蛋白质却很低，严重时会使膜下滴灌水稻植株体内腐胺等有害物质积累而使植株中毒。从钾与蛋白质在植物体内分布的一致性关系上看，凡是蛋白质含量丰富的部位（如生长点、幼叶等）钾的含量就多，需钾也就多。

钾还影响膜下滴灌水稻植株光合强度和叶面积，缺钾植株叶片总面积减少，光合作用强度显著下降，光合作用强度随吸收土壤中钾含量的增加而提高。同时，钾还参与碳水化合物代谢，在淀粉合成、转化、运输、积累和储藏中起重要作用。钾能活化淀粉合成酶，使糖转化成高分子化合物，促进还原糖向二聚糖和多聚糖转化，促进大量蔗糖与淀粉转运至叶鞘，为穗和籽粒提供碳素营养。此外，土壤中的钾还对膜下滴灌水稻有以下作用：能增强阳离子渗透性，调节保卫细胞膨压，控制气孔开闭，避免在干旱大风情况下植株蒸发大量水分，提高其抗旱能力；在促进淀粉和蛋白质形成的同时，也减少了可溶性糖和病原菌的营养来源，从而减弱病菌繁殖和传播。同时提高 K/N 值和促进对硅元素的吸收，提高抗病能力；钾能强化组织细胞，增加茎秆细胞壁厚度，促进维管束发育，使植株抗倒伏能力增强。

4. 土壤中钾有效性及其生物化学行为 膜下滴灌水稻土中植物有效性钾主要来自土壤含钾矿物风化释放以及化学钾肥施入。因此，成土母质、风化条件以及耕作措施是影响膜下滴灌水稻土供钾水平的重要因素。根据膜下滴灌水稻土钾素的活动性以及钾素对膜下滴灌水稻的生物有效性，一般认为钾素以四种形态存在，即矿物态（结构态）、非交换态（固定态和缓效态）、可交换态以及水溶态。严格地说，以上 4 种形态的钾在土壤中难以明确区分，它们之间的划分具有一定人为因素。膜下滴灌水稻土中不同形态的钾处于动态平衡之中。研究表明，土壤交换性钾和水溶性钾可以迅速达到平衡，而缓效性钾和交换性钾与水溶性钾之间的平衡则非常缓慢。矿物态钾（即结构态钾）向其余形态钾之间的转化在膜下滴灌水稻土中极为缓慢。

（四）膜下滴灌水稻对微量元素的需求

铁对作物生长的作用是促进叶绿素的形成，加速光合作用。作物缺铁时首先是新叶缺绿，叶片叶脉间由黄变白，叶脉仍为绿色，叶片变小。锰对作物的光合作用，蛋白质形成及促进种子发育和幼苗早期生长均有很重要的作用。作物缺锰时植株叶片由绿变黄，出现灰色或褐色斑点条纹，最后枯焦死亡。锌能促进作物体内生长素的形成，加速生长。膜下滴灌水稻缺锌时基部叶片中段出现锈斑，逐渐扩大成条纹，植株矮缩形成矮缩病。有研究认为，锌能保持植株体内正常的氧化还原势，促进生长素的形成，锌是碳酸酐酶的成分之一，这个酶的作用是促使碳酸分解为二氧化碳和水，所以，施锌的膜下滴灌水稻有效穗、千粒重等较优异，从而能提高膜下滴灌水稻产量。硅是膜下滴灌水稻的有益营养元素，大多数的研究结果认为：硅可以减轻某些盐基离子的危害，调节养分供应，增强抗病虫能力和延缓根系早衰，从而提高产量，改善品质。

第四节　膜下滴灌水稻水肥耦合

一、膜下滴灌水稻水肥耦合的意义

我国农业生产受干旱缺水的困扰，但是农业用水浪费严重，农田水分利用率低下。传统农业并不十分重视"以水促肥、以肥调水"经验的运用，长期以来，人们把增加化肥用量作为提高作物产量的重要手段，导致产量增长速度远远低于化肥用量的增加速度，加上肥料利用率很低，过多的施用化肥不仅造成地下水和地表水的严重污染，造成"水体富营养化""温室效应"等环境问题，还增加了农业产品中有毒物质的残留，并对农业可持续发展带来很大的危害。为此，发达国家于 20 世纪 80 年代中期提出了精确农作（precision far ming）的概念。随着环境问题日益受到重视，如何根据土壤水分条件，在不增加施肥量的前提下提高水、肥的利用效率，在保证作物优质高产的同时，防止或尽量减少作物生产带来的环境污染便成了亟待解决的问题。

从 FAO 提供的资料来看，中国是稻谷生产大国。在 1996—2002 年，水稻播种面积年均为 3 112.6 万 hm^2，占世界水稻播种面积 20%，仅次于印度，稻谷年均总产 19 619 万 t，占世界稻谷总产的 35.26%，居世界第一。然而，据有关部门统计，每生产 1 t 水稻需水量为 1 400~2 000 t，中国水稻氮肥用量占全世界水稻氮肥总用量的 37%。中国稻田单季水稻氮肥用量平均为 180 kg/hm²，这一用量比世界稻田氮肥单位面积平均用量大约高 75% 左右。中国稻田氮肥用量约占氮肥总消费量 24% 左右。水稻的品质特性主要受籽粒中蛋白质和淀粉的组分及含量的影响，而水稻籽粒品质的形成受到基因型、生态环境及栽培措施的综合影响。因此，优质水稻的生产除了依赖于优良的基因型和适宜的生态环境外，水肥运筹等栽培技术对水稻籽粒的营养品质和加工品质也具有较大的影响，适宜的栽培管理措施可在一定程度上定向调控小麦的品质形成，并确保优质、高产、高效生产目标的实现。从持续发展的角度来看，水肥耦合是争取作物高产、优质、高效的必由之路。有关水稻水、肥与其产量、品质关系的研究已有不少，但多集中于水、肥单因子效应方面，尤其是对水、肥单因子的产量效应关系研究较为清楚。然而，作物生长发育和产量、品质的形成是水肥多因子交互作用的结果，其关系要比单因子作用复杂得多。近年来，通过多学科、多专业的联合攻关，在水稻水肥耦合效应的研究方面取得了十分重要的成果，其中土壤水分、养分运移模拟模型，作物生长模拟模型和水肥生产函数等的研究对数字化农业的发展起到了推动作用。然而以往的研究缺乏统一组织、统一方案、统一标准，可比性不强，"以水促肥，以肥调水"的机理不甚清楚。

综上所述，我国农业用水、用肥量大，浪费严重、利用率低。进行水稻的水肥耦合研究，是发展优质、高效、生态农业的必要条件。研究如何改变当前的"大水大肥"灌溉和施肥方式，并研究在非充分灌溉的条件下，充分发挥肥和水的激励机制和协同作用，提高水分的利用效率和在不增加施肥量的情况下，获得最大的经济效益，同时减少肥料对土壤、地下水、大气的污染，节约水肥资源，改善生态环境，这对解决我国 21 世纪水危机、农业环境面污染问题和保障人口食物充足，将具有重大的现实意义与长远意义。

二、膜下滴灌水稻水肥耦合试验结果

（一）分蘖期水氮耦合对膜下滴灌水稻产量的影响

　　前人的研究多集中于水分胁迫，以及水分亏缺的条件下与氮肥的互作对产量及生育性状的影响，倾向于对水稻的抗逆性和缺水条件下的水稻栽培方面的研究，对实际生产方面意义不大。本研究在保证干旱处理的条件下，细化了淹水条件下的水分含量处理，以水层深度的形式进行试验研究，更加符合实际应用，对生产的指导意义更强。翟晶等研究表明，如果施氮过多而土壤水势没有相应的提高时，水稻的总粒数、有效穗数、穗长、一次支梗数、结实率、千粒重同时降低，使水稻减产。本试验的结果显示，分蘖期施氮量过多，土壤水分含量低时，有效穗数受到明显抑制；穗粒数、结实率、千粒重则略有升高，与翟晶研究结果不一致。原因可能是本试验仅对分蘖期的水氮处理进行研究，分蘖期结束后恢复正常的灌溉制度，正常的灌溉对此前造成的水分胁迫现象产生了缓解和补偿作用。膜下滴灌水稻在施氮量每 667 m² 13.8 kg 产量最高，在此基础上减少水分含量或者分蘖期施氮量都会导致水稻产量的降低。而多水多肥处理的理论产量虽然不会显著降低，但是造成了水稻各部分的徒长，增加了水稻倒伏和贪青晚熟的风险，也大大增加水稻的栽培成本，经济系数降低。在缺水条件下，分蘖期施氮量较低时，增施氮肥对于水稻的结实率的改善有很明显的作用，但是氮肥使用不可过量，否则会导致结实率下降；在淹水条件下，分蘖期施氮量较低时，增施氮肥可以明显提高水稻的有效穗数。所以，在分蘖期施氮不足的情况下，及时增施氮素，可以使水稻产量增加。当分蘖期施氮过多而土壤水分含量没有相应的提高时，则表现出一定的水分胁迫现象，因为处理时期正处于水稻分蘖及幼穗分化时期，所以造成水稻有效穗数明显降低，结实率大幅度下降，理论产量虽未因此而大幅降低，也并未因增施氮肥而增加。致使肥料利用率严重降低，造成了环境的污染和资源的浪费。杨建昌等的研究观点认为，水、肥对水稻的产量有显著的互作效应,增施氮肥可以提高水稻的产量,但是当土壤水分严重亏缺时,过多施氮肥无明显增产效果,与本试验结果相一致。

(二)膜下滴灌水稻水肥耦合干物质积累和产量要素的关系研究试验结果

由于受不同水肥条件的影响,各处理干物质积累总量和各生育期的积累比例有较大差别。水稻干物质积累主要集中在减数分裂期至乳熟期这段时间,在该时期积累的干物质占总积累量的 57%～65%,此阶段的积累速率最高达 208.7 kg/(hm² · d)。研究表明,在控制灌溉条件下,适当增加减数分裂期的氮肥比例,对于提高水稻中后期的干物质积累效果明显。

研究表明,通过控制氮肥施用总量,既保证氮肥的充分供给,又防止其过量供应,使水稻在养分需求的关键时期能得到充分的供应。控制灌溉处理增加了土壤的通气性,使水稻抽穗后根、叶仍保持较高的活性,提高了水稻生育后期养分吸收能力和灌浆物质的合成。尽管由于在乳熟期水稻因自然灾害而发生了倒伏,导致水稻后期灌浆受到影响,使各处理间产量差异未达到显著水平。但对水稻产量的影响仍表现为使成穗率提高了 8.9%,穗粒数增加 7.5 粒/穗,结实率提高 2.5%,从而使每公顷的产量提高近 1.0 t。

(三)水肥耦合对膜下滴灌水稻产量及穗部结构的影响试验结果

水分和氮肥对水稻产量有明显的互作效应,膜下滴灌在适当的氮肥条件下,促进了产量增加,无氮肥或氮肥量过高,抑制了水稻产量的形成。相关研究表明,主要是氮肥含量过高,水分胁迫加剧,从而抑制了产量的形成。对于产量结构的影响,翟晶等对中稻两优培九水肥耦合的研究结果表明,穗粒数、有效分蘖、结实率、千粒重均有增加。本试验结果显示,千粒重与结实率、有效穗数、穗粒数的产量性状变化趋势相反，表现出膜下滴灌水稻较水田千粒重呈现出随着氮肥量的增加，先减少后增加的趋势。对于穗部结构方面的研究，翟晶等认为是一次枝梗数增加使产量增加，而本试验结果显示，产量的增加主要是因为二次枝梗数增加。产生差异的原因可能是试验使用的水稻类型的不同，对水肥耦合产生的响应不同，还需进一步试验证明。

（四）水肥耦合对膜下滴灌水稻养分吸收的影响试验结果

水分和氮肥对水稻产量有明显的互作效应，膜下滴灌水稻在适当的氮肥条件下（尿素每 $667 m^2$ 30 kg），可以显著提高水稻植株的含氮量、含磷量和含钾量，且能提高产量。通过对试验结果的分析，表明膜下滴灌能显著地增加水稻植株中的含氮、钾量，改善水稻的氮、钾营养，提高其抗逆性和抗倒伏的能力；而对水稻磷素营养产生一定的抑制作用，这可能是由于通气性增强，氧化还原电位增加，使土壤中磷的有效性降低，因此，水稻在进行膜下滴灌时在注意施用氮肥的同时该加强对磷素营养的协调和供应。

（五）水肥耦合对膜下滴灌水稻根系形态与活力的影响试验结果

已有研究认为不同土壤水分和施氮量处理能显著影响水稻生育中后期根系生长和活力。在生育前期水稻根系在数量、体积、最长根长或根系活力等方面差异不大。但本试验结果表明，轻度降低土壤水分，提高施氮量能够显著增加有效分蘖期根系干重、根系体积和促进根系的扎深，并且高氮处理根系出现浅根化的趋势。实践上可以通过调节水肥来控制水稻根系的发育。

本试验结果还表明，根系活力在不同水分条件下呈先增加后降低的趋势，拔节孕穗期均达最大值。在生育前中期，轻度降低土壤水分，同时增加施氮量能迅速提高根系活力，促进根系快速生长；过度降低土壤水分对水稻根系活力有抑制作用。增加肥料能够补偿因降低土壤水分而对根系活力所带来的不利影响。低氮素水平有利于根系深扎，但根量不足、活力不高。生育后期，增加土壤水分和高施氮量有利于维持根系活力，延缓根系衰老。这与已有的结论是一致的。但也有研究指出，生育中期氮素供应过高，后期施氮不能提高根系活力。因此，如何在生育中、后期进行水氮耦合提高水稻根系活力有待进一步研究。

（六）膜下滴灌水稻水肥耦合试验结果

（1）在水稻膜下滴灌条件下，采用正交试验方法，对种植模式、灌水定额和灌水频率二因素组合进行了试验研究。试验结果表明，参考组合为 A、B、C，最优组合方案为 A、B、C，即种植模式为直播种植模式、灌水频率为 1 d、灌水定额为每 667 m^2 6 m^3，相应的产量为每 667 m^2 347.7 kg 灌溉定额为每 667 m^2 452.7 m^3，需水量为每 667 m^2 480.52 m^3。

（2）在直播水稻膜下滴灌条件下，采用正交试验方法，对灌水定额、灌水频率和施氮肥量二因素组合进行了试验研究。试验结果表明：参考组合为 A3B1C3，最优组合方案为 A2B2C3 即灌水定额为每 667 m^2 9 m^3，灌水频率为 2 d，施氮肥量每 667 m^2 20.7 kg。相应的产量为每 667 m^2 370.7 kg，灌溉定额为每 667 m^2 404.02 m^3，需水量为每 667 m^2 432.44 m^3。

（3）在膜下滴灌水稻含水率下限试验中，可以得到当灌水定额为 6 m^3，灌水频率为 1 d 的时，土壤含水率在田间持水率的 60% 以上，产量最高。土壤含水率均小于等于田间持水率的 50%，土壤含水率下限越低，水稻产量就越低。

（4）直播 1 膜 2 行 1 管滴灌定额和频率对比试验，产量随着灌水定额的增加而增加，随着灌溉频率的增加而减少。灌溉定额为 12 m^3 时，频率为 1 d 时，产量最高，灌溉定额为每 667 m^2 808.12 m^3。灌溉定额为每 667 m^2 6 m^3 时，频率为 3 d 时，产量最低，总灌水量为每 667 m^2 508.18 m^3，相应的水分利用率为 1.09 kg/m^3。

（5）在直播 1 膜 4 行，设计灌水定额为每 667 m^2 6 m^3，灌水频率为 2 d 的前提下，相应的灌溉定额为每 667m^2 302 m^3，需水量为每 667 m² 386 m³，滴灌管比滴灌带产量增加 1%。

（七）膜下滴灌水稻宽窄膜不同肥料定额试验结果

（1）通过对宽窄膜覆盖时地温测量，得出宽膜能比窄膜覆盖提高地温约 1.25 ℃，通过宽窄膜产量比较发现，宽膜比窄膜可增产27.2%。而在水稻直播播种时，宽膜能比窄膜提高工作效率，同时收残膜效率也高许多，最后的试验田残留较少，说明宽膜比窄膜更适用于膜下滴灌水稻的大田应用。

（2）通过不同定额肥料试验水稻产量对比可以得出，在种植模式为直播一膜三管十二行，灌水定额为每 667 m² 6 m³，灌水周期为 2 d 的条件下，旱作水稻滴灌随氮肥量增加而产量增加，施用纯氮每 667 m² 20.7 kg 时产量最高每 667 m² 340 kg，比每 667 m² 16.1 kg 增产 8.8%，比每 667 m² 11.5kg 增产 11.9%。

（八）膜下滴灌水稻水肥耦合最佳组合方案

（1）供试土壤膜下滴灌条件下，灌水、氮、磷均具有极显著的增产作用，其作用大小依次为：灌溉定额＞施氮量＞施磷量。水、氮之间具有明显地交互作用。

（2）供试土壤膜下滴灌条件下，得到不同目标产量水平下的优化组合方案：①当水稻产量在 5 000～6 500 kg/hm² 时，灌溉定额为 2 218.9～3 087.3 m³/hm²，施纯氮量为 131.7～236.9 kg/hm²，施纯磷量为 66.1～109.5 kg/hm²；②当水稻产量在 6 500～8 000 kg/hm² 时，灌溉定额为 4 219.6～5 157.6 m³/hm²，施纯氮量为150.4～250.9 kg/hm²，施纯磷量为 62.8～107 kg/hm²；③当水稻产量在 8 000～9 500 kg/hm² 时，灌溉定额为 7 453.2～8 791.2 m³/hm²，施纯氮量为 185.8～284.1 kg/hm²，施纯磷量为 74.6～116.9 kg/hm²。并进行了 2 年验证试验，结果重现性较高，表明模型具有很好的准确性，能够对实际旱作水稻的生产进行预测，可以为膜下滴灌旱作水稻节水节肥、水肥一体化技术和高效栽培技术提供科学依据和理论支持。

第五节　膜下滴灌水稻土壤水分和养分的分布特征和变化规律

　　水和肥是决定农业生产力的两个重要因子，二者作用的发挥存在着强烈的相互依赖性。适宜的水肥条件有利于植株的协调生长。土壤水分状况决定着作物从土壤中吸收养分的能力，施肥效果与土壤含水量呈正相关；土壤肥力增加有利于作物吸水，提高水分利用率，肥料供应不足时，水分的增产作用也会受到限制。在干旱地区，推广灌溉与施肥，可以改良土壤，增加农田土壤氮、磷、钾的含量。以水促产，可以降低农产品硝态氮含量、改善品质。灌溉在满足作物对水分需求的同时，还可起到培肥地力、调节地温、淋洗土壤盐分等作用，如培肥灌溉（淤灌、肥水灌溉、污水灌溉、再生水灌溉）、调温灌溉（降温、防冻）及压盐灌溉（盐碱地洗盐）等。如果灌溉与施肥在时间、数量和方式、方法上配合不当，则会降低水分和肥料的利用效率，增加损失，造成环境污染。

一、膜下滴灌水稻土壤水分的分布特征和变化规律

　　土壤特性参数值在时间和空间尺度上存在明显异质性，而土壤水分是土壤特性的动态组成部分，长期以来，人们就土壤水分问题进行了广泛研究。受土壤特性、饱和带地下水、各种地表过程以及生产活动的影响，土壤水分含量及其剖面分布随区域、时间变化，在遵循普遍规律的同时，不同地区、不同时段的具体表现仍有不同对其加以研究可进一步丰富对坡地系统土壤水分状况与生态环境的认识与了解，从而为土壤水分的合理利用和水土资源保护提供依据。

　　土壤水很大程度上参与了土壤内进行矿物质的风化、有机化合物的合成和分解等许多物质转化过程。了解土壤水在土壤中的变化、运移机理对土壤的形成过程以及制订农业措施具有重要意义。目前，对

于土壤水分运动规律的研究，大多采用确定性模型来进行预测预报，由于空间变异的作用，在时间上其结构特征是否稳定或如何变化，对于水分运动的监测和预报有很大影响。因此，研究土壤水分在空间的分布规律及时间稳定性，对提高土壤水分运动研究水平至关重要。

土壤水分不仅是土壤侵蚀过程、植物生长和植被恢复的主要影响因素，也是土地评价的重要指标。在一个流域内，土壤水分分布因地形部位、地貌特征及植被类型而变化。通过对不同坡度、坡向、植被类型和生物量影响下的土壤水分进行测定，可以掌握该地区土壤水分地理分布规律与垂直变化规律，客观评价该地区土壤水分盈亏状况，为配置各项水土保持治理措施，指导农业生产、植被恢复和土地利用，实现小流域的综合治理，提高流域生产力，也为解决流域综合治理与开发中面临的生态环境改善、区域持续发展及农林草建设等问题提供了必要的理论依据。

荒漠绿洲内靠天然降水和地下水维持的天然植被和人工林的稳定性与土壤含水量密切相关。土壤水分对土壤侵蚀、溶质迁移和土壤-大气相互作用等水文过程以及土壤形成过程有较大的影响。沙地土壤水分的变化可导致植被的相互演替，从而导致流动沙丘、半固定沙丘与固定沙丘之间相互转化。

滴灌的特点是水从水源进入土壤，然后向各个方向扩散，滴灌之所以作为先进的节水灌溉技术在全世界范围大面积推广，是因为它能够仅仅湿润作物根系，使根系充分吸收灌溉水分，提高灌溉水分的利用效率。了解水分在土壤中水平扩散、垂直扩散规律，使土壤湿润与作物根系很好的吻合，无疑会使滴灌达到更好的节水效果，如果垂直湿润深度大于根系深度，会导致深层渗漏，造成先进的节水灌溉技术下新的水资源浪费，滴头间距过密，使湿润重度区域加大，会加大不必要的工程投资，因此，研究在不同滴灌条件下土壤水分水平扩散和垂直扩散随时间的变化规律，是节水灌溉领域必须考虑的问题之一。

滴灌水分进入土壤后，其移动过程可分为三个阶段：第一阶段为等速移动阶段，水分呈现圆形扩散，即水平扩散，垂直扩散速度基本相同，其主要原因是：在该阶段驱使水分运动的两种力（土壤吸力和重力）中，土壤吸力起主要作用，土壤吸力沿水平方向、垂直方向基本相同；随着土壤含水率的增大，土壤吸力减少，地心引力起主要作用，水分扩散进入第二阶段，不等速阶段，水分垂直扩散速度大于水平扩散速度；随着灌水量的进一步增大，水分扩散进入第三阶段，垂直扩散阶段，水平扩散速度近似等于零，因为在该阶段，沿滴头形成抛物体状的饱和区域，该区水分的重力和土壤吸力作用下向四周扩散，在水平方向，湿润前沿进一步远离饱和区，吸力梯度的驱动力不断降低，且趋近于零。

不少文献中记载，滴灌表面湿润直径很小，而下部湿润很大，朱德兰等人研究发现，情况并非如此，在不产生地面径流的情况下，表面湿润直径随时间不断扩大，增大幅度越来越小。停止滴水后，湿润区域几乎不再扩大，表面湿润半径随滴水时间变化的回归模型通常有指数模型、对数模型、多项式模型，研究结果以指数模型最佳。对同一土壤来说，流量越大，湿润直径越大。主要原因是，滴头流量越大，滴头附近的积水区域越大，因而表面扩散面积越大。对不同土壤来说，土壤中黏粒含量越多，表面湿润面积越大，主要原因是，土壤中的黏粒含量越多，土壤颗粒对水的吸引力越大，垂直入渗水分由于受到结合水膜的阻止，下渗缓慢，而水平向的扩散增强。可以计算在各种流量下，灌溉一定时间后，表面湿润直径的大小。

有研究提出，膜下滴灌水稻全生育期滴水 $10\ 500\sim12\ 000\ m^3/hm^2$ 即可获得高产，且高频灌溉使土壤始终保持湿润状态。张磊等人做了有关不同灌水量对膜下滴灌水稻土壤水盐分布及产量的影响研究，试验采用随机区组设计，共设置 4 处理：T1、T2、T3、T4，灌水量分别为 $9\ 000\ m^3/hm^2$、$10\ 500\ m^3/hm^2$、$12\ 000\ m^3/hm^2$、$13\ 500\ m^3/hm^2$，整个生育期在垂直于毛管距离滴头水平方向 0 cm（滴头正下方）、20 cm（内外行中间）、40 cm（裸地中间）处分 3 层（0～20 cm、20～40 cm、40～60 cm）取土，取土日期与定点观测日期重合，采用烘干法测定土壤含水率，利用电导率仪测定 1：5 土壤浸提液的电导率。

水稻拔节期前（7月之前）土壤含水率变化曲线基本相同，这是因为该期间各小区灌水定额和灌水周期（7d）均相同；7月后，进入拔节期，生长迅速，对水分的需求较迫切、敏感，各处理灌水周期逐渐缩短至3d。各处理在7月3日后土壤含水率逐渐升高，以膜下0~20 cm最为明显，背行0~60 cm变化不明显，这与灌溉周期的缩短有关。生育前期及停水后，各处理含水率比较低，且均在同一水平。相同灌水周期条件下，膜下0~20 cm土壤含水率为T4＞T2＞T3＞Tl，生育期平均土壤含水率为19.39%、18.86%、18.81%、18.63%；膜下20~40 cm土壤含水率为T4＞T3＞T1＞T2，生育期平均土壤含水率为20.72%、20.04%、19.96%、19.23%；膜下40~60 cm土壤含水率为T1＞T3＞T4＞T2，生育期平均土壤含水率为21.76%、21.07%、20.80%、19.97%；背行0~60 cm土壤含水率为T1＞T4＞T2＞T3，生育期平均土壤含水率为19.31%、19.18%、18.70%、18.64%。

水稻拔节期到扬花期（7月3日至8月22日），各处理膜下0~60 cm土壤含水率为T4＞T1＞T3＞T2，平均土壤含水率分别为22.12%、21.12%、21.71%、22.14%，背行0~60 cm土壤含水率为T4＞T1＞T2＞T3，平均土壤含水率分别为19.83%、19.57%、19.45%、19.10%。可见，灌水周期为3d时，灌水量最大时，膜下和背行0~60 cm土壤含水率均为最大，其他处理变化不明显（图4-6）。

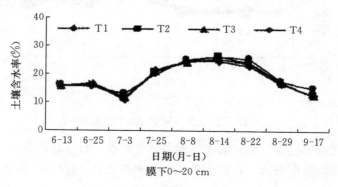

膜下0~20 cm

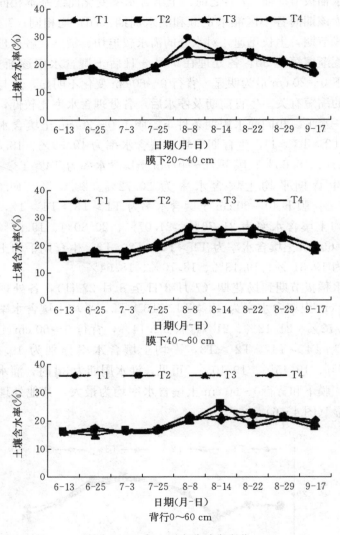

图4-6　各土层水分动态变化

张磊等提出，相同灌水周期条件下，在 7 月 3 日后各处理土壤含水率均逐渐升高，以膜下 0~20 cm 最为明显，背行 0~60 cm 变化不明显。水稻整个生育期，各处理膜下 0～20 cm 和膜下20～40 cm 含水率均较高；膜下 40～60 cm 和背行 0～60 cm 含水率以 T1 最高。拔节期到扬花期，膜下 0～60 cm、背行 0～60 cm 含水率分别为 T4＞T1＞T3＞T2、T4＞T1＞T2＞T3。可见，灌水周期为 3d 时，次灌量最大时，膜下和背行 0～60 cm 含水率均最大，水稻根系的主要分布土层保持相对较高的水分。

二、膜下滴灌水稻土壤养分的分布特征和变化规律

　　养分管理是水稻生产的重要环节，合理的肥水运筹是促进水稻生长、保证稻谷高产的重要措施。水稻基肥施用方式为有机肥料和磷肥全部作基肥施用，可采用全层施肥方式，钾肥可分 60%～70%作基肥，氮肥的 40%～50%作基肥，采用表层施肥、全层施肥或深层施肥方式进行。分蘖肥中氮肥用量占施氮总量的 20%～30%，可在移栽后 10 d 内进行。水稻生育后期施肥主要是施用穗肥和粒肥。其中穗肥施用时期一般为幼穗一次枝梗分化前或减数分裂期前（在倒 2 叶完全展开至剑叶伸出一半时），其中氮肥施用量为总氮量的 20%～30%，钾肥的施用量为总钾量的 30%～40%，穗肥对增加最终穗粒数效果更加显著。幼穗一次枝梗分化前施肥有利于促进颖花分化，增加颖花数；减数分裂期前施肥能够有效减少颖花退化，增加发育颖花数。

　　面对巨大的粮食需求，为了保障水稻的高产高效，肥料的施用是必不可少的农业生产措施。目前，我国水稻生产中仍面临一些问题，具体表现为：①很多地区仍存在氮肥用量过高、施氮前重后轻的问题，我国稻田氮肥平均用量为 $180kg/hm^2$，比世界平均水平高 75%左右，氮、磷、钾肥投入比例失调，钾肥用量明显偏低；②忽视中微量元素的施用，硅能够提高水稻抗逆、抗病性，而目前水稻生产不注重施用硅肥，锌肥施用不足也会影响水稻的产量；③有机肥施用量明显不足，占水稻总施肥量比重降低，土壤理化性质不

良、土地板结、肥力不高等现象普遍存在，最终导致水稻产量及品质受到影响。

传统水稻的基肥施用方式主要为表面撒施，表层施肥养分流失量大，肥料利用率低，研究发现我国稻田氮肥吸收利用率为30%～35%，磷肥当季吸收利用率仅为11%～14%，钾肥吸收利用率约为50%左右。而施肥方式是影响肥料利用率的主要原因之一，不同的养分供应位置显著影响作物根系的生长及养分的吸收。20世纪50～60年代，在小麦、玉米、棉花等旱地作物上广泛推广的肥料深施技术，解决了表面撒施的弊端，增加了下层土壤中根系生物量，提高作物产量，提高肥料利用率，增强作物的抗旱性。旱地深根系作物对化肥深施技术表现出良好的效果，在干旱条件下，促进根系的下扎，提高对养分、水分的吸收能力，起到保水保肥作用，但化肥深施不能仅仅考虑保肥作用，应注重保肥、供肥、需肥三者相结合。

肥料在农业生产中占有极其重要的地位，然而大量肥料的施用在提高作物产量的同时，由其利用率低带来了严重的环境问题。近年来农民为了追求高产，因此，施用大量的化肥来追求这一目标，化肥的不合理施用不仅不能提高水稻产量和品质，反而会因为肥料利用率的降低，而造成养分施用的浪费和不均衡现象频出。科学合理的施肥方式是保证我国高产、高效、优质、无污染可持续发展农业生产中必不可少的措施。

选择适宜的肥料品种是提高肥料利用率的有效途径，根据作物对养分需求的喜好，考虑肥料的形体及性能与土壤及气候条件相协调。不同品种肥料养分在土壤中的迁移、转化及释放特性不同，选择释放特性与作物的需肥特性相协调的肥料品种是提高肥料利用率的关键。

当前公认的影响肥料利用率最重要的因素为肥料用量，全国测土配方施肥项目的主要目标就是根据不同地区土壤基础肥力、产量目标等情况确定适宜的肥料用量。国际水稻所组织的RTOP项目通过实时实地施肥管理模式改善稻田施肥管理，与农民习惯施肥方式相比，实时实地施肥管理模式氮肥吸收利用率、生理利用率、农学利用率分别提高 60%、32%、78%。

　　根据水稻不同生育期养分的需求量确定合适的施肥时间也是决定肥料利用率得关键因素。受人工成本高的影响，追肥仍以简单的撒施方式进行，操作方法的不当造成肥料利用率降低。鉴于劳动力短缺的现状，随着缓控释肥的开发应用和施肥技术的改进，一次施肥满足整个生育期水稻的养分需求是施肥技术发展的方向。

　　前人研究多集中于合适的肥料品种、施肥量、施肥时间对作物产量及养分吸收利用方面的影响，而对施肥位置、施肥方式方面的研究较少。施肥方式按施肥时期划分为基施、种施、追施等；按肥料在田间水平分布划分为穴施、条施、带施、撒施等；按肥料在田间的垂直距离化肥为深施、浅施、表施、匀施、叶面表施等；按肥料施入状态划分为：固施和液施；按肥料种类化肥为单施和混施。

　　作物吸收根际土壤中的有效养分，土壤中化学有效养分能否被植物吸收利用与其所处于土壤中的位置有密切关系，只有到达根系表面的有效养分才能被植物吸收。肥料中速效养分在土壤中的迁移受养分浓度梯度、气温、灌水量、施肥条件、植被覆盖度等多种因素的影响，因此，最终能有效迁移到根表的比例是有限的。目前我国稻田肥料利用率低的一个重要原因是肥料中的速效养分分布于离根系较远的土体中，养分迁移到根系距离远、效率低，严重制约了肥料中速效养分被植物根系吸收利用。王火焰等提出肥料向外界环境的迁移损失是肥料利用率低的根本原因，进而论述了根区施肥技术是提高肥料利用率和减少面源污染的关键措施。王夏晖等研究总结出，孔源施肥达到了肥料集中施用效果，消除了表聚现象的发生，协调了水肥关系，具有减少肥料渗漏、地表径流冲刷等损失的作用，最终提高了肥料利用率。水稻施肥方式延续传统的分期施肥和表面撒施的方式，而随着复混肥料工艺的发展和农村劳动力的限制，一次性基施化肥的方式在我国北方旱地作物逐渐得以推广。

　　目前，滴灌施肥条件下土壤水分运移方面的研究较多，养分运移研究较少，主要集中在硝态氮方面，多是采用室内试验、小区试验和数学模拟的方法进行研究。Jaynes 等人（1992）发现，采用施肥灌溉也有可能发生深层渗漏。滴灌施肥条件下，硝态氮的运移主要由于对流作用。在同一土壤条件下，影响湿润体内硝态氮和铵态氮分布的主要因素是灌水量、滴头流量和肥液浓度。Silber 等人（2003）认为，采用滴灌等高频率灌溉可以持续补充根土界面的养分损耗，增加土壤中可溶性养分的流动性，对作物的养分缺乏有一定的补偿作用。

氮、磷、钾是水稻必需的三大营养元素，水稻百千克籽粒的氮、磷、钾需求量分别为 $1.6\sim2.5kg$（N）、$0.6\sim1.3\,kg$（P_2O_5）、$1.4\sim3.8\,kg$（K_2O），氮、磷、钾的需求比例为 $1：0.5：1.3$。随种植地区、品种基因型、土壤肥力等的差异，对氮、磷、钾的吸收量会发生一定变化。

单季稻对氮、磷、钾的吸收一般具有两个吸收高峰期，分别在分蘖盛期和幼穗分化后期。早稻与晚稻的氮肥积累规律具有一定的差异，早稻仅在分蘖—拔节期出现 1 个吸氮高峰，约占总吸收量的 60%，而晚稻在分蘖期和孕穗拔节期出现 2 个吸氮高峰，其吸收量约占全生育期的 55% 以上，并认为水稻在中后期的磷、钾吸收是奢侈吸收，因为其对水稻产量并不具有相关性。

朱齐超等人研究发现，膜下滴灌处理铵态氮、有效锰含量低于常规淹灌处理，但硝态氮、有效钾、有效锌含量较高，有效磷含量在两种灌溉模式下无显著差异。与常规淹灌相比，膜下滴灌处理土壤养分状况更佳。

（一）常规淹灌改为膜下滴灌对土壤养分有效性影响

常规淹灌条件下土壤长期保持淹水厌氧状态，转化为膜下滴灌管理后，土壤田间表面无水层，土壤处于好气条件，土壤氧化还原电位的巨大改变会对土壤养分有效性产生一定影响。常规淹水栽培改为膜下滴灌管理后，土壤铵态氮含量显著降低，硝态氮含量明显增加，矿质氮含量也有一定上升。Roelcke（2002）、Cai（2002）等发现好气条件下土壤中存在强烈的硝化作用，导致旱作土壤中矿质氮形态以硝态氮为主，可能是由于膜下滴灌管理方式下减少了反硝化、土壤渗漏等方式的损失，致使土壤矿质氮含量较常规淹灌模式下高，这可能是膜下滴灌水稻产量不低于或高于常规淹灌模式的重要原因之一。

土壤氧化还原电位同样显著影响土壤中锰活性，由于锰的多价态、易转化特性，在常规淹灌模式下，土壤交换态锰含量极显著高于膜下滴灌模式，而易还原态锰含量却显著低于膜下滴灌模式，这是由于还原条件有利于易还原态锰的还原。常规淹灌模式改为膜下滴灌模式交换态锰含量显著降低，这可能会显著减小或解决水稻栽培上存在的锰毒害问题。

常规淹灌条件下土壤有效磷与膜下滴灌模式下土壤有效磷含量相当。有证据表明，淹水条件下土壤有机态磷含量会降低，而土壤铁磷含量增加，土壤有效磷含量增加。也有研究发现，膜下滴灌条件下土壤湿润区磷有效性较土壤干燥区含量显著提高。膜下滴灌种植水稻条件下由于土壤始终处于较高含水量下，因此，土壤有效磷有效性也得到提升。这些结果表明，水稻改为膜下滴灌栽培后，土壤磷有效性并不会降低，但膜下滴灌磷有效性长期变化还需要进一步研究。

膜下滴灌条件下土壤中有效钾含量显著高于常规淹灌条件下，这可能是因为将钾肥作为基肥一次性施用时，由于盆栽条件下并没有明显犁底层，导致了钾的大量淋洗损失，尤其是在施用钾肥过量的条件下钾的淋洗损失更为显著。

常规淹灌条件下土壤有效锌含量高于膜下滴灌，但随生育期延长其有效性却逐渐低于膜下滴灌，这可能是由于淹水初期时，氧化态锌水解，锌有效性提高，但随淹水时间延长，有效锌与土壤中 H_2S 发生沉淀反应，导致土壤锌有效性逐渐降低。

结果表明，水稻从常规淹灌模式改为膜下滴灌栽培会提高土壤氮、钾和锌有效性，并降低锰毒害，土壤磷有效性没有显著变化，有利于水稻栽培。

（二）根际土壤养分有效性与非根际土壤的差异

土壤养分有效性包含强度与容量因素两层意义，前者指养分浓度，后者指养分持续供应能力，根际土壤养分生育期变化动态其实是土壤养分容量因素的反应。铵态氮在根际土壤中含量低于非根际土壤，表现为铵态氮在根际的亏缺，相反硝态氮在根际逐渐累积，表现为硝态氮在根际的富集。这可能是由于：①水稻是喜铵作物，选择性吸收铵态氮多于硝态氮；②铵态氮容易被土壤胶体固定，其移动性较差，不能有效补充根际铵态氮的亏缺，而硝态氮由于移动性显著强于铵态氮，因此，随着水稻蒸腾作用，在根际形成硝态氮富集。

磷和钾同样是作物三大营养元素之一，但在根际土壤中表现却不尽相同，磷在根际土壤中与非根际土壤中含量并无显著差异，但钾却在根际中表现出显著亏缺，这除了水稻吸钾量高于吸磷量外，土壤磷的缓冲性强也有一定关系。

有研究发现，随水稻对铵态氮的选择吸收，土壤根际 pH 会缓慢下降，这也会对根际养分有效性产生一定影响，如磷、锌等。有研究表明，pH 每降低一个单位，锌有效性会提升 100 倍，这可能是导致锌在根际富集的重要原因。

土壤易还原态锰与交换态锰之间容易发生相互转化，易还原态锰常常作为土壤交换态锰最直接的锰库。交换态锰在根际中先富集，以后逐渐降低。锰在土壤中迁移能力较弱，甚至低于磷，虽然在淹水/湿润后锰迁移能力得到增强，但由于水稻对锰存在奢侈吸收，根际锰仍表现出降低趋势。

综上所述，各营养元素在水稻根际表现并不一致，硝态氮及有效锌在根际富集，而铵态氮、有效钾、有效锰在根际逐渐衰减，磷在根际与非根际中并无显著差异。这除了与作物对营养元素的选择性吸收有关，与该营养元素的迁移特性也显著相关。

第五章　膜下滴灌水稻水肥一体化肥料特性

第一节　滴灌水溶肥概述

近年来，随着节水农业的快速发展和水肥一体化进程的加快，水溶肥市场需求越来越大，水溶性肥料的施用面积得到了快速的增长。水溶肥的种类包括大量元素水溶肥，中量元素水溶肥，微量元素水溶肥，还有含氨基酸水溶肥，含腐殖酸水溶肥及有机水溶肥等。水溶性肥料销售市场极为混乱，肥料的价格高低不一，肥料使用效果也是千差万别。水溶性肥料是速效性肥料，溶解性好，能被作物的根系和叶面直接吸收利用，一般采用水肥同施，通过以水带肥实现了水肥一体化。水溶性肥料的有效吸收率高出普通化肥 1 倍多，达到 80%～90%；而且肥效快，可解决高产作物快速生长期的营养需求。据统计，2010 年，我国农作物复混肥的施用量为 5 308 万 t，其中水溶性肥料的施用量仅为 16 万 t，占复混肥施用量的 0.30%。2012 年，水溶肥的产量与施用量均超过 200 万 t，约占复混肥使用量的 3.45%。

随着设施化、机械化和自动化等程度的不断提高，滴灌施肥技术已经逐渐成为现代农业高附加值农作物水肥管理的主流技术，针对作物需求和土壤养分供应特性，实行"总量控制"和"分期调控"的原则，在微灌施肥合理优化灌溉的基础上，实现"少量多次"的供应施肥方式，可以极大地提高水肥的利用效率。但是由于一些传统单质肥料和颗粒复合肥的杂质含量较高，经常堵塞滴头等原因，使得杂质含量非常少的完全水溶性肥料的市场在最近几年内迅速扩大，一些农户及大型种植基地（如温室果蔬花卉基地）对目前高价格的完全水溶型复合肥料已经开始接受，配合微灌施肥技术进行推广普及，并逐步发现其施用快捷方便、效果迅速等特点。随着国家对节水节肥工作的不断深入，水溶性肥料面临着新的发展机遇。自 2007 年以来，国内外各种适合于滴灌和叶面施用的水溶性肥料产品不断推出，给本来就非常庞大的肥料市场又带来新的种类，同样也吸引很多企业都加入水溶性肥料的研发与生产中来，成为近期市场上的热点。

我国水肥一体化系统设备配置水平不一样，所选用的肥料种类和品种也有一定的差异。对于滴灌水肥一体化灌溉施肥对肥料的选择要求有以下几点：

（1）选用溶解性好的肥料。选用的肥料如果溶解性不好，易造成滴头堵塞。施用复合肥时，尽量选择完全速溶性的专用肥料。施用不能完全溶解的肥料时，必须提前先将肥料在盆或桶等容器内溶解，等其沉淀后，将上部溶液倒入施肥罐进行滴灌，剩余残渣施入土中。

（2）有机肥、磷肥做基肥。因为有的磷肥如过磷酸钙只是部分溶解，残渣易堵塞喷头，同时磷肥容易与灌溉水中的成分发生化学反应而产生沉淀，从而堵塞滴头。

（3）选用对灌溉系统腐蚀性小的肥料。如硫酸铵、硝酸铵对镀锌铁的腐蚀严重，而对不锈钢基本无腐蚀。磷酸对不锈钢有轻度的腐蚀，尿素对铝板、不锈钢、铜无腐蚀，对镀锌铁有轻度的腐蚀。

（4）追肥品种必须是可溶性肥料，要求纯度较高，杂质较少，溶于水后不会产生沉淀，否则不宜作追肥。一般氮肥和钾肥选用符合国家标准或行业标准的尿素、碳酸氢铵、硫酸钾、氯化钾等。补充磷素一般采用磷酸二氢钾等可溶性肥料作追肥。追补微量元素肥料，一般不能与磷素追肥同时使用，以免形成不溶性磷酸盐沉淀而堵塞滴头或喷头。

一、水溶性肥料定义及特点

（一）水溶性肥料定义

传统的水溶性肥料概念是指溶于水的肥料，采用传统施肥方法或稀释后通过叶面施肥、无土栽培、浸种蘸根、滴喷灌等用途的液体或固体肥料。这类肥料包括传统上的水溶性大量元素单质肥料（如尿素或氯化钾）或者复合肥料（如硝酸钾或磷酸二铵）、中微量元素（螯合或者非螯合）水溶性肥料；从不同有机组分来看还包括氨基酸类水溶肥料、腐殖酸类水溶性肥料等，由于过去没有过分强调这些水溶性肥料的施用方式，因此，没有对水不溶物和养分含量做出严格的规定。

完全水溶性肥料是专门针对灌溉施肥和叶面施肥而言的高端产品，由于完全水溶性肥料施用方法的特殊性，因此完全水溶性肥料的一些产品指标与水溶性肥料有明显的不同。比如，针对灌溉施肥的产品必须强调水不溶物，养分组成应以大量元素为主，在低温条件下也需要有良好的溶解性；针对叶面肥料产品必须强调养分组成应以中微量元素为主，大量元素为辅的原则。为了实现高浓度的完全水溶性肥料的生产，在原料的选择和生产工艺方面的要求比一般性水溶性肥料的要求更高。

当前市场上"水溶性"肥料的定义则专指高端完全水溶性肥料产品。它们的一般特点是：养分含量高，营养全面；杂质少；复合化，特别是与微量元素复合；多功能化，有腐殖酸、氨基酸类水溶性肥料等。

（二）水溶性肥料特点

水溶性肥料因其全溶于水的特性，一般都是与灌水措施相结合，也就是常说的水肥一体化技术，通过不同灌溉方式将肥料和灌溉水一体化施到根层土壤。另外，高浓度、养分种类全面的水溶性肥料也可以用于作物叶面喷施。

灌溉施肥是定量供给作物水分养分和维持适宜水分养分浓度的有效方法。根据灌水方式的不同，施肥又可分为冲施肥、喷施肥、滴灌肥等。一般来说，施用固态水溶肥时，先将其溶解并配成混合溶液，再进行灌施或喷施。液体水溶肥溶液需配备管道、储肥罐、施肥器等设备，肥料容易溶入灌溉水中，可实现喷灌和滴灌。为了确保肥料可以在灌溉管线中不发生沉淀，少量肥料溶液应当先按比例随灌溉水进行试验。如果发生沉淀，则应当停止在灌溉施肥中使用该肥料，检查水质及肥液浓度。进行微量元素肥料灌溉施肥的时候，主要考虑的是微量元素离子在土壤上的吸附。灌溉施肥施用微量元素可能无法到达根层的指定位置，因此，叶面喷施微量元素往往是灌溉施肥的首选方式。

完全水溶性肥料因为其水溶性好、肥效快、吸收率高、使用简单方便等优点，目前，在花卉、草坪、设施蔬菜、果树等高经济价值作物种植中得到广泛应用。但是从应用的角度来看，水溶性肥料的肥料利用率高和效果好不完全在于它的"水溶性好"和"全速效性"方面，更多的在于一些肥料产品所依赖的施肥设备和施肥技术。市场上完全水溶性肥料的价格较高，经销商在销售这些产品的时候非常注重技术的优质服务，推销时选择的配方有针对性，结合的水肥一体化技术都是"微灌设备"和"水肥管理"的最优化结合。因此，从技术推广的角度来看，完全水溶性肥料的开发和施用促进了最佳水肥管理技术的推广和应用，这对于大幅度减少果树蔬菜等高附加值作物的水肥浪费问题是一件好事。

与普通复合肥相比，绝大多数水溶性肥料都采用水、肥同施，以水带肥，通过合理的水肥精量调控管理，发挥肥水协同效应，明显提高水肥利用效率。微灌施肥通常采用近根施用，养分从土壤到达根表距离短，肥效快，特别是很多完全水溶性肥料采用一定比例硝态氮。对于喜硝作物而言，可不经过形态转化直接吸收，可快速满足高产作物快速生长期的营养需求。普通复合肥的 $N+P_2O_5+K_2O$ 总养分含量一般在 $25\%\sim50\%$，而完全水溶性肥料的 $N+P_2O_5+K_2O$ 总养分含量一般要求超过 50%，且大部分完全水溶性肥料添加其他一些中微量元素，而普通复合肥一般只添加几种中微量元素，所以相比完全水溶性肥料的养分更全面。完全水溶性肥料的价格明显较高，对于一般的大田作物生产来说是不适合的。正是由于完全水溶性肥料的速效性强，可以实现，但同时也会出现"肥随水走"的情况，因此，不合理施用完全水溶性肥料，或每次施用数量很大，会造成更多养分流失，既降低施肥的经济效益，达不到高产优质高效目的，又造成水环境的污染，不利于农业可持续发展。

单质及二元肥：尿素、硫酸铵、硝酸铵钙、磷酸二氢钾、氯化钾、硝酸钾、工业级磷酸二铵和磷酸一铵、水溶性硫酸钾。

复合型：水溶性氮磷钾复混肥（我国称为大量元素水溶肥）。

有机无机型：加入了氨基酸、黄腐殖酸、海藻酸的氮磷钾复混肥。

水溶肥料的优越性：①水溶肥料营养全，利用率高。它含有作物生长需要的全部营养，如 N、P、K、Ca、Mg、S 以及微量元素等。人们可以根据作物生长所需要的营养需求特点来设计配方，科学的配方不仅不会造成肥料的浪费，而且其利用率是常规复合肥的 $2\sim3$ 倍。②水溶性肥料是一种速效肥料，施肥量易控制，不仅可以让使用者较快地看到肥料的效果和表现，而且可以根据作物的不同长势对肥料配方做出调整。③水溶肥料施用均匀。由于水溶性肥料的施用方法是随水灌溉，所以施肥极为均匀，这也为增加产量和提高品质奠定了坚实的基础。④水溶性肥料杂质极少，电导率低，使用浓度调节十分方便。它对幼果安全，不污染果面，对幼苗安全不用担心引起烧苗等不良后果。⑤水溶肥料无拮抗作用，施用放心，水溶性肥料多含有微量元素，微量元素一般又是以螯合态居多数，由于螯合态微量元素吸收利用率是无机态微量元素 40 倍左右，且又十分安全，即使添加量很低，也不用担心作物出现缺素症，当然更不会出现微量元素中毒现象，而且更不用担心不同元素混在一起引起的拮抗作用。⑥水溶肥料较易控制植株生长。要植株生长快速时，多施肥，要生长缓慢，则减少施肥。也可以换用不同氮肥来控制生长。用硝态氮可使植株茎矮壮，节间短、叶色淡绿、枝条粗短，叶片厚，促进生殖生长。使用铵态氮，植株快速生长但较柔软，节间长，不利于根系的生长，还会延迟生殖生长。

二、国内外水溶性肥料发展现状

(一)国内水溶性肥料发展现状

由于水溶性肥料所固有的特点和优点,相关技术和产品的研发生产一直受到国际上很多公司的重视,美国早在1965年就有了水溶性肥料的专利产品。由于一些工业国家对其投入研究较早,其化学制剂业、化工机械业的配合相当成熟,再加上设施化、机械化、自动化等现代化农业、高附加值农业种植和管理模式与技术的发展,所以完全水溶性肥料产业在国际上相当成熟,但同普通水溶性肥料相比,其市场占有份额很小。同样,国外水溶性肥料产品的施用一般局限在高附加值的经济作物上,通常采用水肥一体化和根外追肥方式进行。例如,美国、加拿大、以色列等国的水肥一体化技术和相应的肥料产品应用市场广阔,尤其是在以色列等比较缺水的国家更是将滴灌施肥等技术发挥到了极致,其水肥一体化应用比例达90%以上;在美国灌溉农业中,25%的玉米、60%的马铃薯、32.8%的果树均采用水肥一体化技术。此外,完全水溶性肥料因具有溶解迅速、使用方法简单、养分利用效率高、施肥量易于控制等特点,被广泛应用于温室中花卉以及大田作物的灌溉及叶面施肥,园林景观绿化植物的养护、高尔夫球场甚至于家庭绿化植物的养护。

从表5-1可见,国际上水溶性肥料既有高养分含量产品,同样也有中低养分含量的产品。这一点与我们国家的行业标准有所不同。此外,国外完全水溶性肥料包装上主要有以下几个方面:明确产品原料来源;明确标明各元素含量,包括微量元素含量以及氮含量中硝态氮、铵态氮以及铵态氮的含量;注明产品特性、优点;明确注明产品施用方法,肥料的酸度以及在使用产品过程中出现问题该如何解决等。

表 5-1　部分国际肥料公司及相关水溶肥产品

公司名称	国家	产品名称	养分含量
雅苒 （YARA）	挪威	雅苒苗乐复合肥系列、雅苒福钙硝酸钙系列、雅苒威特花蕾宝、美心朋、福多钙叶面肥系列雅苒康晶微灌系列	12-11-18+TE 15%N、25%CaO、0.3%B NPK≥50%、TE≥0.5%
欧麦思农用流体 （Omex）	英国	流体硼 钙尔镁	NPK≥50%、TE≥0.5% B≥15% 22.5%CaO、15%N、3%MgO、TE
海法 （Haifa）	以色列	Multi-k Classic、Multi npk、Multi-K Mg、Poly-Feed GG	13-0-46 13-5-42 12-0-44+1MgO 15-30-15 促根 20-9-20 促花果
普朗丹 （PLANTIN）	法国	加镁金奈特系列	NPK≥50%、Mg≥1%、TE
施可得 （Scotts）	美国	农乐士 Agrolution 冲施肥	10-10-30-3.3MgO+0.256TE 14-7-14-14CaO+0.256TE 16-10-16-5CaO-2MgO+0.256TE 20-20-20
果茂 （Grow More）	美国	花多多（水溶肥）系列、Grow More 系列	20-20-20 通用型、12-31-14、10-30-20 高磷型、20-10-20、24-10-18 高氮型、15-5-15、4.5%Ca、1.5%Mg13-2-13、6%Ca、3%Mg
Green care	美国	瑞莱系列	17-5-17 苗期平衡 10-30-20 开花型 20-10-20 生长期型 20-20-20 通用型
Plant-marvel	美国	Plant-marvel 系列	20-20-20 通用型
Plant-Prod	加拿大	Plant-Prod 系列	20-20-20 通用型

（二）国内水溶性肥料发展现状与问题

国内水溶肥发展起步较晚，近年来随着国内现代农业的发展，设施蔬菜及果树的经济收益越来越高，高经济价值作物产区农民逐渐接受水溶肥通过冲施及滴灌施用等，对价格较高的高端水溶肥料产品的接受程度也逐步提高，市场对水溶肥料需求也越来越大，尤其是近 5 年以来，国内水溶肥料市场呈现一片火爆。据国家化肥质量监督检验中心的登记的统计数据，目前国内登记的水溶肥料总计 3 433 个，其中大量元素水溶肥产品有 433 个，中量元素水溶肥 50 个，微量元素水溶肥 1 195 个，含氨基酸类水溶肥 1 010 个，含腐殖酸类水溶肥 745 个。其中水溶肥料从种类上讲，国产远远多于进口产品。

国内水溶肥产品养分含量有着严格的行业标准。根据中华人民共和国农业行业标准规定，大量元素水溶性肥料产品登记指标中，要求大量元素含量（$N+P_2O_5+K_2O$）不低于 50%，大量元素单一养分含量不低于 6.0%，微量元素含量不低于 0.5%，产品应至少包含两种微量元素；微量元素水溶肥料产品登记技术指标中，微量元素含量不低于 10%。含氨基酸水溶性肥料和含腐殖酸水溶性肥料也各自有相关的标准。相比而言，国外完全水溶性肥料产品并没有执行严格的强制标准，完全水溶性肥料产品的剂型和养分配比多是根据不同作物和作物生长时期而定。

由于完全水溶性肥料和水肥一体化技术在中国刚刚处于推广阶段，完全水溶性肥料的生产和市场目前存在很多问题：①生产技术落后。与国际水溶肥公司相比，目前国内水溶肥料生产技术相对落后，在研发资金和技术人员的投入上严重不足，生产设备极其简陋。不少企业仅仅是将尿素、硝酸钾、硫酸钾、水溶性磷酸一铵等原料的简单混配，生产车间没有吸湿设备，染色及防结块技术不过关，生产出的肥料往往出现潮解、板结、染色不均、杂质过多、水溶性差等现象，严重影响水溶肥料的销售。②配方浓度盲目。国内许多生产厂家在确定产品配方浓度时，并没有根据不同作物以及作物生长各个时期养分需求配置浓度，从而导致产品使用时并不能达到预期的结果。盲目生产高养分含量的水溶性肥料，没有给中低养分含量水溶肥料足够的发展空间。③价格居高不下。水溶肥料的价格远高于普通复合肥料的价格，一方面是因为生产原料价格较贵；另一方面是水溶性肥料销售量较少，仍然处于推广阶段，渠道销售需要大量的推广服务支持，推广服务费用较高，所以价格一直保持高位难以回落。④假冒伪劣产品多。相比普通复合肥料，水溶肥料的利润空间较大，这就吸引了不少不良厂家生产水溶肥。由于水溶肥生产工艺简单，经过染色后很难辨别其生产原料，所以不少厂家以硫酸镁、硫酸锌等低价格肥料添加激素冒充水溶肥料，或者以硫酸镁、硫酸锌等低价格肥料替代一部分生产原料来牟取高额利润。

三、展望

　　水溶性肥料是国内肥料行业市场的又一新生力量，水溶肥市场呼唤有责任的大品牌企业来引领行业健康快速发展。如何扩大产品和品牌效应，企业要在自身产品上创造"卖点"，打造特色产品，同时要在多品牌战略的应用上有所突破，必须在打造强势品牌上下功夫。探索适合自身发展的商业营销模式，企业要培训具备专业素养的技术人员，水溶性肥料的销售队伍就是技术队伍，销售水溶性肥料实际上就是推广技术和设备，即"水溶性肥料"销售＝"水溶性肥料产品"＋"灌溉设备"＋"施用技术"。不同作物、不同时期的配方需要实现精量调控，如果销售队伍达不到专业性要求，就很难在市场上站住脚；产品的定价应考虑农民的利益，虽然完全水溶性肥料卖的是服务，定价需要考虑服务成本，但盲目高价而不实行优质、高效的服务，只能阻碍产品的推广和技术的进步。

　　完全水溶性肥料作为常规复合肥产品类的一小类水溶性品种，由于完全可以通过精量施用，明显减少肥料的投入总量，与当前的"低碳节能""高效环保"等现代农业理念相吻合，目前水溶性肥料的合理施用正担负着这种使命，随着水肥一体化技术的不断推广以及灌溉设施的完善，完全水溶性肥料在中国的发展前景光明，但正是由于水溶性肥料施用需要严格的技术和先进设备的局限性，且施用对象少，完全水溶性肥料产品不可能完全代替普通复合肥成为市场的主导产品。

第二节　膜下滴灌水稻养分吸收原理

一、膜下滴灌水稻营养组成

要了解膜下滴灌水稻正常生长发育需要什么养分，首先要知道植物体的养分组成。新鲜植物体一般含水量为70%～95%，并因膜下滴灌水稻的年龄、部位、器官不同而有差异。叶片含水量较高，其中又以幼叶为最高，茎秆含水量较低，种子中则更低，有时只含5%。新鲜植物经烘烤后，可以获得干物质，在干物质中含有无机和有机两类物质。干物质燃烧时，有机物在燃烧过程中氧化而挥发，余下的部分就是灰分，是无机态氧化物。

膜下滴灌水稻不仅能吸收它所必需的营养元素，同时也会吸收一些它并不需要、甚至可能有毒的元素。因此，确定某种营养元素是否必需，应该采取特殊的研究方法，即在不供给该元素的条件下进行溶液培养，以观察膜下滴灌水稻的反应，根据膜下滴灌水稻的反应来确定该元素是否必需。

1939年，阿隆和Stout提出了确定必需营养元素的三条标准：①这种化学元素对作物的生长发育是不可缺少的。缺少这种元素就不能完成其生命周期，对高等植物来说，即由种子萌发到再结出种子的过程。②缺乏这种元素后，会表现出特有的症状，而且其他任何一种化学元素均不能代替其作用，只有补充这种元素后症状才能减轻或消失。③这种元素必须是直接参与植物体的新陈代谢，对作物起直接的营养作用，而不是改善环境的间接作用。

必需营养元素的分类 到目前为止，国内外公认的高等植物所必需的营养元素有17种，它们是碳、氢、氧、氮、磷、钾、钙、镁、硫、铁、硼、锰、铜、锌、钼、镍和氯。

根据膜下滴灌水稻内含量的多少划分为大量营养元素和微量营养元素。大量营养元素含量一般占干物质重量的 0.1% 以上，它们是碳、氢、氧、氮、硅、钾、钙、镁和硫 9 种。微量营养元素的含量一般在 0.1% 以下，有的只含 0.1mg/L，它们是铁、硼、锰、铜、锌、钼、镍和氯 8 种。

在必需营养元素中，碳和氧来自空气中的二氧化碳；氢和氧来自水，而其他的必需营养元素几乎全部都是来自土壤。植物的叶片也能吸收一部分气态养分，如二氧化硫等。由此可见，土壤不仅是植物生长的介质，而且也是植物所需矿质养分的主要供给者。实践证明，作物产量水平常常受土壤肥力状况的影响，尤其是土壤中有效态养分的含量对产量的影响更为显著。

二、入根细胞的机理

根细胞对养分离子的积累特点，一般说来，虽然土壤或营养液中矿质养分的浓度与植物对其实际需要量之间存在着很大的差异，但膜下滴灌水稻却能在这些介质中正常生长，其主要原因是膜下滴灌水稻对养分离子的吸收具有选择性。例如，生长在池水中的丽藻（Nitena）细胞的液泡中 K^+、Na^+、Ca^{2+} 和 Cl^- 的浓度远高于池水中相应离子的浓度，而生长在含盐量较高海水中的法囊藻则相反，其细胞液中只富集大量的 K^+ 和 Cl^-，而 Na^+ 和 Ca^{2+} 的浓度却比海水中相应离子的浓度低很多。植物根细胞对离子态养分选择性吸收的特点是非常明显的。当膜下滴灌水稻在一定体积的营养液中生长时，营养溶液的浓度在几天内就会发生明显的变化：K^+、$H_2PO_4^-$ 和 NO_3^- 的浓度明显降低，Na^+ 和 SO_4^{2-} 的浓度不但没有降低，甚至略有提高。这表明膜下滴灌水稻吸收水分的速度比吸收这两种离子快，根汁液中的离子浓度一般高于外界营养液，对 K^+、NO_3^- 和 $H_2PO_4^-$ 来说，差异尤为明显。矿质营养元素首先经根质外体到达根细胞原生质膜吸收部位，然后通过主动吸收或被动吸收跨膜进入细胞质，再经胞间连丝进行共质体运输，或通过质外体运输到达内皮层凯氏带处，再跨膜转到细胞质中进行共质体运输。

根质外体中养分离子的移动，质外体是指植物体内共质体以外的所有空间，包括细胞壁、细胞间隙和木质部空腔等。它普遍存在于膜下滴灌水稻的根、茎、叶等器官中。质外体并不像过去认为的那样，只是无生命活动的空间，而是可以进行物质储藏与转化、养分累积与利用、植物与微生物互作及信号传导，对环境胁迫做出适应性反应的具有重要生理功能的生命空间。

根自由空间实际上就是现在所说的根质外体空间。根质外体空间中阳离子交换位点的数目决定着各类植物根系阳离子交换量（CEC）的大小。通常，双子叶植物的 CEC 比单子叶植物要大得多。根质外体空间中矿质养分的累积和运移过程直接影响根系对养分的吸收。

三、养分吸收的因素

（一）介质中养分浓度

低浓度范围内，离子是吸收率随介质中养分浓度的提高而上升，但上升速度较慢；在高浓度范围内（如 $>1mmol/L\ K^+$），离子吸收的选择性较低，对代谢抑制剂不很敏感，而陪伴离子及蒸腾速率对离子的吸收速率则影响较大。土壤溶液中 K^+ 和磷酸根离子的浓度往往比较低，而 Ca^{2+} 和 Mg^{2+} 的浓度却比较高。为了满足植物对这些养分的不同需要量，植物根细胞原生质膜上有对各种矿质养分亲和力不同的许多结合位点。长期试验中，当养分浓度过高时会出现所谓的奢侈吸收。不过在田间条件下，前期的吸收，也可能为后期生长需要量大或根供应受阻时准备了内在的库存。

（二）离子间的相互作用

①离子间的拮抗作用。所谓的离子间的拮抗作用是指在溶液中某一离子存在能抑制另一离子吸收的现象。离子间的拮抗作用主要

表现在对离子的选择性吸收上。一般认为，化学性质近似的离子在质膜上占同一结合位点（即与载体的接合位点）。培养试验证明，在阳离子中，K^+、Rb^+ 与 Cs^+ 之间，Ca^{2+}、Sr^{2+} 与 Ba_2^+ 之间；在阴离子中，Cl^-、Br^- 与 I^- 之间，SO_4^{2-} 与 SeO_4^{2-} 之间，$H_2PO_4^-$ 与 SO_4^{2-} 之间，$H_2PO_4^-$ 与 Cl^- 之间，都有拮抗作用。上述各组离子具有相同的电荷或者近似的化学性质。Jenny 根据水合半径的大小将一价阳离子分为两类：第一类是 K^+（0.532 nm）、Rb^+（0.509 nm）、Cs^+（0.505 nm）、NH_4^+（0.537nm），他们的离子水合半径近似，在载体上占有同一结合位点，在植物吸收时彼此都有一定的拮抗作用。第二类是阳离子彼此之间除了竞争载体结合位点外，还竞争电荷，许多的试验证明任意提高膜外某一种阳离子的浓度，必然会影响到其他阳离子的吸收，这种情况与竞争结合位点不同。②离子间的协助作用。离子间的协助作用是指在溶液中，某一离子的存在有利于根系对另一些离子的吸收。离子间的协助作用主要表现在阳离子与阴离子之间，以及阴离子与阴离子之间。Ca^{2+} 的存在能促进许多离子，如 NH_4^+、K^+ 和 Pb^+ 等的吸收。

（三）温度

由于根系对养分的吸收主要取决于根系呼吸作用所提供的能量状况，而呼吸作用过程中一系列的酶促反映对温度又非常敏感，所以，温度对养分的吸收也有很大的影响。一般在 6～38℃ 的范围内，养分吸收随温度升高使体内酶钝化，从而减少了可结合养分离子载体的数目，同时高温使细胞膜透性增大，增加了矿质养分是被动溢泌。这是高温引起植物对矿质元素的吸收速率下降的主要缘故，低温往往使植物代谢活性降低，从而减少养分的吸收量。

（四）水分

水是植物生命活动的重要因素，水分状况对植物的影响是多方面的。水分状况是决定土壤中离子以扩散还是以质流方式迁移的重要因素，也是化肥溶解和有机肥矿化的决定条件。水分对无机态离子吸收的影响却十分复杂。由于植物的蒸腾作用使根系附近的水分状况变化较大，从而影响了土壤中离子的溶解度以及土壤的氧化还原状况，也间接影响了离子的吸收。水分还对植物生长，特别是对根系的生长有很大的影响，也同样间接影响养分的吸收。

（五）光照

光照对根系吸收矿质养分一般没有直接的影响，但可通过影响植物叶片的光合强度而对某些酶的活性、气孔的开闭和蒸腾强度等产生间接影响，最终导致根系对矿质养分的吸收能力下降。光照直接影响光合产物的数量，而植物的光合产物（如糖及碳水化合物）被运送到根部，能为矿质养分的吸收提供必需的能量及受体。光与气孔的开闭关系密切，而气孔的开闭与蒸腾强度又紧密相关。在光照条件下，植物蒸腾强度大，养分随蒸腾流的运输速度快，光照促进可水分和养分的吸收。

（六）通气

土壤的通气状况主要从三个方面影响植物对养分的吸收：一是根系的呼吸作用，二是有毒物质的产生，三是土壤养分的形态和有效性。通气良好的环境，能使根部供氧状况良好，并能促使呼吸产生的二氧化碳从根际散失。这一过程对根系正常发育、根的有氧代谢以及离子的呼吸都具有十分重要意义。根部有氧呼吸所需要的氧气主要是有根际土壤空气提供的。水稻的活体根在有氧和缺氧的条件下，其呼吸强度大体相同；离体根在缺氧条件下，呼吸强度在短时间没急剧减小。

（七）土壤

土壤反映对膜下滴灌水稻根系吸收离子的影响很大。pH 对离子的影响主要是通过根表面。特别是细胞壁上的电荷变化及其与 K^+、Cu^{2+}、Mg^{2+} 等阳离子的竞争作用表现出来的。pH 改变了介

质中 H^+ 和 OH^- 的比例，并对水稻的养分吸收有很显著的影响。当外界溶液 pH 较低时，抑制可植物对 $NH_4^+ - N$ 的吸收；而介质 pH 较高时，则会抑制 $NO_3^- - N$ 的吸收，而对 $NH_4^+ - N$ 的数量有所增加。

四、膜下滴灌水稻根系的代谢及代谢产物的影响

由于离子和其他溶质在很多情况下是逆梯度的累积，所以需要直接或间接地消耗能量。在不进行光合作用的细胞和组织中（包括根），能量的主要来源是呼吸作用。因此，所有影响呼吸作用（根系活力）的因子，也都可能影响离子的累积。

膜下滴灌水稻根系代谢产物离子的理化性状（离子半径和价数）不仅直接影响离子在根自由空间中的迁移速率，而且决定着离子跨膜运输的速率。离子半径吸收同价离子的速率与离子半径之间的关系通常呈负相关。离子价数由于细胞膜组分中的磷脂、硫酸脂和蛋白质都是带有电荷的基团，因此，离子都能与这些基团相互起作用。其相互作用的强弱按以下顺序：不带电荷的分子<一价的阴、阳离子<二价的阴、阳离子<三价的阴、阳离子。相反，呼吸速率常常依次顺序递减。

五、膜下滴灌水稻苗期和生育阶段的影响

在整个生育时期中，根据反应强弱和敏感性可以把植物对养分的反应分为营养临界期和最大效率期。所谓的营养临界期是指植物生长发育的某一个时期，对某种养分要求在绝对数量不多但很迫切，而且当养分供应不足或元素间数量不平衡时将对植物生长发育造成难以弥补的损失，这个时期就叫植物养分临界期。关于氮的养分临界期，水稻为三叶期和幼穗分化期。

在膜下滴灌水稻的生长阶段中所吸收的，某种养分发挥其最大效能的时期，为植物营养的最大效率期。这一时期，作物生长迅

速，吸收养分能力特别强，如能及时满足作物对养分的需要，增产效果将非常显著。第三节根外营养植物除可从根部吸收养分外，还能通过叶片（或茎）吸收养分，这种营养方式称为植物的根外营养。

要提高水稻叶片营养的有效性，就必须使营养物质从叶表面能进入表皮细胞（或保卫细胞）的细胞质。还可通过气孔吸收气态养分，如二氧化碳（CO_2）、氧（O_2）以及二氧化硫（SO_2）等。一般来说，叶片吸收气态养分有利于植物的生长发育，但在高度发展的工业区，由于废气的排出，空气污染相当严重，叶片也会因过量地吸收某些气体，如 SO_2、NO、N_2O 等而影响植物生长。例如，高浓度的 SO_2 气体能抑制 CO_2 在二磷酸戊酮糖羧化酶的活性中心的结合，使 CO_2 的固定受阻，严重影响植物的光合作用。

在膜下滴灌水稻的营养生长期间或是生殖生长的初期，叶片有吸收养分的能力，并且对某些矿质养分的吸收比根的吸收能力强。因此，在一定条件下，根外追肥是补充营养物质的有效途径，能明显提高作物的产量和改善品质。与根供应养分相比，通过叶片直接提供营养物质是一种见效快、效率高的施肥方式。这种方式可防止养分在土壤中被固定，特别是锌、铜、铁、锰等微量元素。此外，还有一些生物活性物质如赤霉素等可与肥料同时进行叶面喷施。如作物生长期间缺乏某种元素，可进行叶面喷施，以弥补根系吸收的不足。

在干旱与半干旱地区，由于土壤有效水缺乏，不仅使土壤养分有效性降低，而且使施入土壤的肥料养分难以发挥作用，因此，常因营养缺乏使作物生长发育受到影响。在这种情况下，叶面施肥能满足作物对营养的需求，达到矫正养分缺乏的目的。植物的叶面营养虽然有上述特点，但也有其局限性。如叶面施肥的效果虽然快，但往往效果短暂；而且每次喷施的养分总量比较有限；又易从疏水表面流失或被雨水淋洗；此外，有些养分元素（如钙）从叶片的吸收部位向植物的其他部位转移相当困难，喷施的效果不一定很好。这些都说明植物的根外营养不能完全代替根部营养，仅是一种辅助的施肥方式。因此，根外追肥只能用于解决一些特殊的植物营养问题，并且要根据土壤环境条件、植物的生育时期及其根系活力等合理地加以应用。

膜下滴灌水稻叶片吸收养分的效果，不仅取决于水稻本身的代谢活动、叶片类型等内在因素，而且还与环境因素，如温度、矿质养分浓度、离子价数等关系密切。植物叶片对不同种类矿质养分的吸收速率是不同的。叶片对钾的吸收速率依次为：氯化钾＞硝酸钾＞磷酸氢二钾；对氮的吸收速率为尿素＞硝酸盐＞铵盐。此外，在喷施时，适当地加入少量尿素可提高其吸收速率，并有防止叶片黄化的作用。在一定的浓度范围内，矿质养分进入叶片的速率和数量随浓度的提高而增加。但如果浓度过高，使叶片组织中养分失去平衡，叶片受到损伤，就会出现灼伤症状。特别是高浓度的铵态氮肥对叶片的损伤尤为严重，如能添加少量蔗糖，可以抑制这种损伤作用。

水稻叶片对养分的吸附量和吸附能力与溶液在叶片上附着的时间长短有关。水稻叶片角质层较厚，很难吸附溶液溶液在叶片上的保持时间在 $30\sim60\ min$，叶片对养分的吸收数量就多。避免高温蒸发和气孔关闭时期对喷施效果的改善很有好处。因此，一般以下午施肥效果较好。如能加入表面活性物质的湿润剂，以降低表面张力，增大叶面对养分的吸附力，可明显提高肥效。还适当加大浓度或增加喷施次数，以保证溶液能很好地被吸附在叶面上，提高叶片对养分的吸收效率。

第三节　水稻大量元素肥料的选择

一、大量元素施用现状

水稻是人类赖以生存的主要粮食作物之一，全世界水稻播种面积约占谷物播种面积的 23%，占总产量的 29%。随着人口的增长，预计到年，全球依赖稻米生活的人口将增至 35 亿。水稻也是我国最主要的粮食作物，其播种面积约占我国粮食作物总面积的 27%，稻谷产量占全国谷物总产的 40% 以上。在 1996—2000 年，水稻播种面积年均为 3 112.6 万 hm²，占世界水稻播种面积的 20%，仅次于印度。这为我国乃至世界粮食安全和社会稳定起到了十分重要的作用。

（一）氮肥的投入情况

氮肥是水稻生产中最主要的外部投入，其投入通常占到外部总投入包括肥料、农药、种子和灌溉等的 35% 以上。氮素也是影响水稻生产和产量最敏感的因素，其营养状况与水稻植株体内生理代谢过程、光合特性与磷与钾素的吸收等有密切关系，最终影响水稻产量的高低与品质的优劣。随着水稻生产的发展，水稻本田期的施氮量有越来越大的趋势。另外，随着乡镇工业的发展和城乡一体化进程的加快，有机无机肥配合施肥制度已在生产上逐渐消失，取而代之的是施用大量化学肥料，尤其是氮素化肥施用量急剧增加，形成了"无机化、高氮化"的施肥格局。实践证明，在这样的施肥条件下，并没有显著提高水稻产量和经济效益，相反，随着施氮水平的增加，产量甚至出现下降的趋势，过高的氮肥投入不仅使得氮肥利用率过低，而且直接和间接地导致了一系列不良的环境反应。此外，过多施用氮肥还会造成倒伏、后期贪青迟熟、加重病虫害发生和稻米品质变劣等危险，使得生产成本提高，产投比下降。

（二）磷肥的投入情况

全世界 13.19 亿 hm² 的耕地约 43% 有缺磷，中国 1.07 亿 hm² 农田就有 2/3 的土壤严重缺磷，为解决粮食安全问题，施用磷肥无疑是保证作物高产的唯一选择。我国从 20 世纪 80 年代初开始大幅度增施磷肥，磷肥产量和消费量已分别从 1980 年的 237 万 t 和 300 万 t 增加到 2002 年的 791 万 t 和 992 万 t。20 世纪初，我国磷肥的产量和消费量已跃居世界首位，目前仍呈上升趋势。磷肥在我国水稻生产中的投入量略低于小麦生产中的投入量，居于第二位。2007年水稻生产中的磷肥投入量为 180 万 t。小麦生产中的磷肥投入量占总投入量的 15%；磷肥在全球范围水稻生产中的投入比例为12.3%，低于我国的相应的投入比例。

（三）钾肥的投入情况

长期以来，农田复种指数和作物单产的提高以及氮、磷肥用量的增加，导致作物从土壤中带走了更多的钾，农田土壤钾素输出呈上升趋势，土壤钾素亏缺的问题更加严重。相比于氮肥的投入，水稻生产中钾肥的投入量仍显得相对不足。尤其是随着 2007 年和2008 年钾肥价格的大幅度上涨，农田少施钾肥或不施钾肥的现象越来越普遍，致使耕地土壤缺钾日益严重。钾肥在全球范围水稻生产中的投入比例为 13.3%，低于我国的相应的投入比例。

二、氮、磷、钾素对水稻产量形成的影响

（一）氮素对水稻产量形成的影响

氮素是影响作物生长的最重要的养分因子之一，氮肥的施用在农业生产中扮演着重要的角色。随着现代高产水稻品种的普遍推广，氮肥已成为影响水稻产量的主要因素，其影响仅次于水分。大量研究表明，合理施用氮肥能促进水稻生长发育，提高产量，并能促进水稻对氮素的吸收利用。而氮肥施用不足或过量都会影响水稻生长，并最终影响水稻的产量形成。氮肥在水稻生长前期施用主要影响单位面积有效穗数，而在幼穗分化期和灌浆结实期施用主要影响每穗粒数和结实率。可见，适宜的氮肥施用时期对水稻产量的形成具有重要影响，是水稻高产栽培技术的重要组成部分，适宜的氮肥施用量对水稻高产的获得具有更加重要的影响。水稻氮肥的施用遵循"肥料报酬递减率"，即随着氮肥用量的不合理增加，稻谷产量不仅不会继续增加反而可能出现下降的趋势。氮肥在一定用量范围内，水稻产量随氮肥用量的增加而逐渐提高；当氮肥用量达到一

定水平时，继续增加施氮量反而会导致产量下降。

（二）磷素对水稻产量形成的影响

磷是作物生长发育不可缺少的营养元素之一，施用磷肥是水稻获得高产的重要措施。有研究表明，水稻施用适量的磷肥可以显著增加植株总生物量，增强根系活力；而水稻缺磷则会导致植株生长迟缓代谢失调。水稻的分蘖及前、中期体内养分浓度和养分积累量均随施磷量的增加而显著增加。但不同类型水稻吸收利用磷的能力不同，早稻的吸磷高峰从拔节期一直延续到灌浆成熟期，而晚稻的吸磷高峰在分蘖期，中后期吸磷量很少。随着施磷量的增加，水稻植株体内的含磷量相应提高，氮、钾含量也相应提高，说明施磷可以促进水稻对氮、钾的吸收，因此在水稻生产中，应该重视磷肥的配合施用。

（三）钾素对水稻产量形成的影响

作为植物必需的营养元素之一，钾参与植物体内的一系列生理生化过程，在植物生长代谢、酶活性调节和渗透调节中发挥着重要作用。钾肥通过影响水稻的生理指标来影响其生长发育，如对水稻的株高、根系活力、净叶光合速率、基部叶片的叶绿素及 POD 酶的形成均具有促进作用。长期以来，随着高产水稻品种的推广应用，水稻产量和复种指数的提高以及氮、磷肥用量的加大，水稻从土壤中带走的钾素大大增加。

三、膜下滴灌水稻施肥量的计算

膜下滴灌水稻在肥料三要素的配比上，一般以氮肥为主配合施用磷肥、钾肥，其总施肥量的计算方法要根据计划产量所能吸收的肥量（计划产量需肥量）及土壤及有机肥供肥量、化肥中有效成分含量、肥量利用率来计算，一般可采用以下公式计算：

化肥施用量＝（计划产量的养分吸收量－土壤供肥量－有机肥

料供肥量）/［肥料含养分百分率（％）×肥料利用率（％）］

　　式中，计划产量的养分吸收量＝每 667 m² 计划产量（kg）×1kg 稻谷需要的营养元素量；土壤供肥量＝不施肥区产量的养分吸收量；有机肥供肥量＝每 667 m² 施用量（kg）×含氮量（％）×利用率（％）；土壤供肥量＝土壤化验值（mg/kg）×0.15×校正系数。

　　校正系数是作物实际吸收养分量占土壤养分试值的比值，可通过田间试验获得，如没有试验资料，一般可将校正系数设为 1。如经分析化验某地块土壤速效氮为 45mg/kg，则土壤供氮量＝45×0.15×1＝6.75（kg）。

四、膜下滴灌水稻水肥一体化大量元素肥料的选择

　　从作物对养分的利用过程可知，适宜的土壤水分含量对施肥效果影响很大，只有保持水肥平衡，才能提高作物对养分的吸收利用率，充分发挥肥效，达到增产目的。将施肥与灌溉结合起来，可以在作物根区土壤空间内保持最佳的水、肥含量，保证作物在最有利的条件下吸收利用养分，从而使不同种类的作物在不同土壤条件下都能获得高产并提高产品品质。近年来，通过滴灌系统和肥料结合施肥越来越普遍，并收到了良好的效果。选择合适的肥料是发挥肥效的关键。

（一）氮肥

　　在滴灌水稻生产走过最常见的氮肥种类（表 5-2）包括尿素、碳酸氢铵、硫铵和磷铵，其中尿素在水稻生产中应用最广。尿素含氮高，溶解性好，由于不带电荷，也不被土壤胶体吸附，但施用过量且水分过多时同样会存在淋溶损失。施入土壤的尿素在微生物产生的尿酶的作用下进行水解，最后形成碳酸铵。碳酸铵分解为铵离子和碳酸根离子。

表 5 - 2　膜下滴灌水稻常用的氮肥种类

肥料	养分含量	分子式	pH（20℃）
尿素	46 - 0 - 0	$CO(NH_2)_2$	5.8
磷酸尿素	17 - 44 - 0	$CO(NHD_2)_2 \cdot H_3PO_4$	4.5
硝酸钾	13 - 0 - 46	KNO_3	7.0
硫酸铵	21 - 0 - 0	$(NH_4)_2SO_4$	5.5
碳酸氢铵	17 - 0 - 0	NH_4HCO_3	8.0
氯化铵	25 - 0 - 0	NH_4Cl	7.2
硝酸铵	34 - 0 - 0	NH_4NO_3	5.7
磷酸一铵	12 - 61 - 0	$NH_4H_2PO_4$	4.9
磷酸二铵	21 - 53 - 0	$(NH_4)_2HPO_4$	8.0
硝酸钙	15 - 0 - 0	$Ca(NO_3)_2$	5.8
硝酸镁	11 - 0 - 0	$Mg(NO_3)_2$	7.0

（二）磷肥

土壤对磷肥具有吸持和化学沉淀作用，滴施的磷肥进入土壤后容易被固定，在土壤中移动性较弱，磷肥是很多作物都需要的一种肥料，缺少了磷肥则会严重影响到作物生长，如果在作物生长期给予其足够的磷肥营养，肯定可以保证水稻强壮抗病能力强。磷肥要选择正确的类型，且还要有合适的施加方法才能让磷肥发挥其全力。磷肥类型的选择应该根据土地的酸碱性为基本依据。如表 5 - 3 所示，在缺磷的酸性土壤上宜选用钙镁磷肥、钢渣磷肥等含石灰质的磷肥，缺磷十分严重时，生育初期可适当配施过磷酸钙；在中性和石灰性土壤上宜选用过磷酸钙。在酸性土壤上应配施有机肥料和石灰，以减少土地对磷的固定，促进微生物的活动和磷的转化与释放，提高土壤中磷的有效性。

表5-3　膜下滴灌水稻常用的磷肥种类

肥料	养分含量	分子式	pH
磷酸	0-52-0	H_3PO_4	2.6
磷酸二氢钾	0-52-34	KH_2PO_4	5.5
磷酸尿素	17-44-0	$CO(NH_2)_2 \cdot H_3PO_4$	4.5
磷酸一铵	12-61-0	$NH_4H_2PO_4$	4.9
磷酸二铵	21-53-0	$(NH_4)_2HPO_4$	8.0

（三）钾肥

钾在土壤中的化学行为要比磷酸盐简单得多。通过滴灌系统施用钾肥有效性高，钾的利用率高达90%以上，如表5-4所示。钾在土壤中移动性较好，可以随灌溉水移动到达根系密集区域。但普遍的规律是沙壤土中的移动性大于壤土，壤土大于黏土。在沙壤土中过量滴施钾肥可能会造成钾的深层渗漏，因为沙壤土对钾的吸附能力小。此时钾主要以离子形式存在。当黏壤土施用钾肥时，施入的大部分钾以交换性钾、非交换性钾和矿物钾存在，其中交换性钾易被植物吸收。交换性钾和固定态钾在土壤中都以带正电荷的离子形式存在，并被土壤表层或黏土颗粒中的负电荷吸附。当其他阳离子在土壤中过量渗漏时，交换性钾可与它们进行交换。交换性钾与固定态钾之间存在动态平衡，当植物从土壤溶液中吸收钾后，首先由交换性钾进行补充，再由固定态钾转化补充交换性钾。大部分钾肥都是可溶的。滴灌系统中常见的钾肥有硝酸钾、氯化钾、磷酸二氢钾等。在滴灌系统中，结晶状红色氯化钾会造成严重堵塞，不宜使用，要用白色氯化钾。农用硫酸钾由于溶解性较低，不适合在滴灌施肥中应用。如果要用农用硫酸钾，必须先用容器加水溶解，放置约0.5 h，然后将上清液倒入肥料罐或者施肥池，继续加水搅拌，重复上述过程，直到肥料全部溶解。

表 5 - 4　膜下滴灌水稻常用的钾肥种类

肥料	养分含量	分子式	pH
氯化钾	0 - 0 - 60	KCl	7.0
硝酸钾	13 - 0 - 46	KNO_3	7.0
硫酸钾	0 - 0 - 50	K_2SO_4	3.7
磷酸二氢钾	0 - 52 - 34	KH_2PO_4	5.5

第四节　水稻中微量元素肥料的选择

　　近年来，我国集约化农业和设施栽培农业不断发展，农作物产量持续增长，氮、磷、钾肥料大量使用，致使土壤中的大量元素与中微量元素供应之间的不平衡日趋突出，尤其是随着高浓度的单质化肥和复合肥的大量使用和对中、低浓度肥料的替代，导致农田中钙、镁、硅、铁、锰、钼、硼、锌等副成分的归还量大大减少，土壤的微量元素无法满足作物高产优质生产的需要。加上农作物单位面积产量的不断提高，势必造成农田中微量元素养分带走量持续增加，而土壤的中微量元素由于得不到补充，已无法满足作物优质高产的需要。另外，基于营养元素之间的拮抗作用，过量使用氮、磷、钾肥料也造成了作物对中微量元素的需求量增加。例如，过量施用磷肥会造成作物缺乏锌、铁、锰等微量元素，过量施用钾肥可诱发作物缺镁等。加上农作物新品种的选育推广也促进了对中微量元素需求量的增加。总之，随着我国种植业结构的调整，高产优质品种的大面积推广，作物从农田带走的微量养分难以如数归还，因此，中微量元素的研制与推广日益引起人们关注和重视，给土壤补充中微量元素显得尤为迫切。

一、中微量元素在膜下滴灌水稻中的作用

（一）钙肥

钙肥是水稻细胞壁的重要组成成分，与果胶结合，增加组织的

硬度；一些重要的酶需钙来活化，如淀粉酶、ATP 酶等；钙可中和代谢过程中的有机酸，促进根系生长，提高抗病性，延迟衰老。施用钙肥除补充钙养分外，还可借助含钙物质调节土壤酸度和改善土壤物理性状。

（二）镁肥

镁是水稻叶绿素的组成成分，缺镁因不能合成叶绿素或叶片中叶绿素含量少而影响光合物质生产，镁也是多种酶的活化剂，因而也会影响到水稻的新陈代谢过程。因此，镁是水稻不可缺少的矿质元素，其丰缺程度对水稻的生长发育产生重要的影响。

（三）硅肥

水稻吸收硅，可使表皮细胞硅质化，增强抗病抗倒能力；叶片表皮细胞的角质层和硅酸层发达，能明显地减少蒸腾强度，防止水分的过分消耗；水稻充分吸收硅，可使叶片开张角度变小，叶片直立，受光好，有利于光能利用和物质生产。有人认为，硅肥是继氮肥、磷肥、钾钾肥之后的第四大元素肥料，足以说明硅肥的重要性。

（四）铁肥

铁是水稻某些酶和电子传递蛋白的组成成分，还参与叶绿体蛋白和叶绿素的合成。另外，铁在生物固氮中也起到了重要作用，因为铁也是固氮酶中铁蛋白和钼铁蛋白的组成成分。因此，铁在叶绿素的合成、光合作用、呼吸作用等几个过程中发挥主要作用。

（五）硫肥

硫促进蛋白质代谢合成。水稻缺硫时，叶鞘首先变黄，延伸到叶片。根系明显伸长，但支根减少。株矮、分蘖少、新叶叶窄，叶脉首先褪绿，然后全叶渐渐变黄。易与缺氮相混，缺氮变黄从叶尖开始。

（六）硼肥

硼对氮代谢和养分吸收有促进作用。促进养分向穗部运转，减少空壳率，提高千粒重。

（七）铜肥

铜是氧化酶的组成成分，影响植物的氧化还原过程。水稻缺铜时，叶子呈蓝绿色，以后近于叶尖处褪绿。褪绿沿叶脉两边向下发展，续之叶尖变深褐色坏死。抽出的新叶不能平展，全叶针形，偶尔半叶针形，而基部一端仍发育正常。

（八）锌肥

锌促进叶绿素的光合效应，酶反应的催化剂，促进呼吸作用、蛋白质淀粉的合成。

（九）锰肥

锰是许多酶的活化剂，能提高呼吸强度。锰能促进淀粉酶的活性、淀粉水解和糖类转移，也可以降低铁的活性。

（十）钼肥

钼是硝酸还原酶的重要成分，是固氮酶的组成成分。因此，对固氮酶的活性和促进蛋白质的生成及对叶绿素的形成有良好作用。

二、中微量元素在膜下滴灌水稻中的缺素症状及防治方法

（一）膜下滴灌水稻缺钙症状及防治方法

水稻缺钙时，如果程度较轻，一般对植株外观影响很小，当缺钙严重时，上部新生叶的叶尖变白，卷曲萎缩，缺钙特别严重时，导致植株矮化，生长点坏死。

防治方法：酸性土壤缺钙可施用石灰，即提供了钙的营养又中和了土壤酸性。对于中性和碱性土壤，由于根系吸收受阻，土壤施用无效，应改为叶面喷肥，一般用 0.3%～0.5% 氯化钙液连喷数次。控制氮磷钾肥的用量，防止土壤盐类浓度过高，是防止水稻缺钙的基本措施。

（二）膜下滴灌水稻缺镁症状及防治方法

水稻缺镁时，叶片和叶鞘之间的夹角增大，叶呈波形下垂，叶脉间褪绿，下部叶呈橙黄色。

防治方法：①叶面喷施，可用 1%～2% 硫酸镁液叶面喷施，连续喷施 2～3 次，间隔时间 7～10 d。②合理施用镁肥，选择适当的镁肥种类。③控制氮磷钾肥用量。④改善土壤环境。

（三）膜下滴灌水稻缺锰症状及防治方法

水稻缺锰症状表现不甚明显，难以与缺镁、锌、铁症状相区别。由于锰在水稻植株内很难移动，因此水稻缺锰症状首先表现在新生叶片上，锰在老叶中的含量是新叶中的好几倍。水稻缺锰症状：叶片颜色变淡发黄，叶脉保持绿色，呈现叶脉间黄化，并且会有棕褐色斑点出现；叶片变窄且下垂，植株矮小，分蘖减少。

防治方法：①向叶面喷洒含锰的溶液，这也是水稻表现出缺素症状后的主要防治措施之一。②改善土壤环境，向土壤中施加一定浓度的酸性肥料以调节土壤的碱性。增加锰的有效性，如向土壤中施加氯化铵、硫酸铵、氯化钾等。③水稻对锰离子的吸收除了自身的调节外，还与离子间的相互竞争有关，所以，在施肥时应注意调节肥料中各种离子之间的比例。

（四）膜下滴灌水稻缺铜症状及防治方法

铜和铁一样，在植物体内的流动性低，不能从老叶移动到新叶中，因此，植物缺铜的症状都表现在嫩叶中。水稻缺铜的主要症状有：新生叶片失绿发黄，呈凋萎干枯状；其他叶片旱蓝绿色，还会出现坏死性斑点，叶尖发自卷曲；分蘖或侧芽较多；花粉育性降低，穗发育受阻。导致不孕穗和瘪粒增加。

防治方法：铜是植物所需的微量元素，土壤中仅需要少量的铜就可以满足植物生长的需要。水稻在生长过程中表现出铜缺乏或过量的症状除了与土壤中的活性铜有关，还与土壤的环境有关。另外，土壤中氮、磷、铁、锰含量较高时，会抑制水稻对铜的吸收，使水稻表现出缺铜症状。可以从两个方面缓解水稻缺铜的状况：向水稻叶面喷洒含铜的溶液，也可向土壤中施加一定量的铜肥。

（五）膜下滴灌水稻缺铁症状及防治方法

铁元素在植物体内一般是以大分子化合物的形式存在，其在植物体内的流动性小，因此水稻的缺铁症状大多数在幼苗期就能显现出来。水稻缺铁性症状的主要表现为：叶片叶脉间发黄，而叶脉保持绿色，呈条纹花叶；随着叶片从外向内，越接近叶心症状表现越明显；严重缺铁时甚至会导致叶心不出，植物生长矮小，进而影响产量。

防治方法：喷施硫酸亚铁有一定的效果，但是对施用技术要求较高。叶面喷施壮秧宝 600～800 倍液，2～3 d 后秧苗转绿；重病田每隔 3～5 d 喷施 1 次，连续喷施 2～4 次；也可以在播种前施入土壤，兼有预防立枯病的作用。

（六）膜下滴灌水稻缺锌症状及防治方法

水稻缺锌时，在水稻返青后开始发病，一般插秧后 20 d 达到高峰期。症状表现在新叶中脉及其两侧，特别是叶片基部首先褪绿、黄化，有的连叶鞘脊部也黄化，以后逐渐转变为棕红色条斑，有的出现大量紫褐色小斑，遍布全叶，植株通常有不同程度的矮缩，严重时叶枕距平位或错位，老叶叶鞘甚至高于新叶叶鞘，称为"倒缩苗"或"缩苗"。如发生时期较早，幼叶发病时由于基部褪绿、内容物少、不充实，使叶片展开不完全，出现前端展开而中后部折合，出叶角度增大的特殊形态。如症状持续到成熟期，植株极端矮化、色深、叶小而短似竹叶，叶鞘比叶片长，拔节困难，分蘖松散呈草丛状，成熟延迟，虽能抽出细长稻穗，大多不实。

防治方法：①基肥。用 $15\sim22.5\,kg/hm^2$ 硫酸锌作基肥，因锌在土壤中不易移动，且含磷量高或大量施用磷肥会减少作物对锌的吸收，所以硫酸锌不要与磷肥混施，影响锌肥的效果。②浸种。先将水稻种子用清水浸泡 1d 后，放入 $0.1\%\sim0.3\%$ 的硫酸锌溶液中，浸泡 $24\sim48\,h$。③叶面喷施。用 0.2% 的硫酸锌溶液在水稻分蘖初期、末期各喷 1 次。

（七）膜下滴灌水稻缺硅症状及防治方法

水稻严重缺硅时，生长缓慢、植株矮小、叶片发黄，不分蘖或很少分蘖，症状与严重缺氮时相似。但一般在大田中不易表现缺硅症状。

防治方法：建议在底肥或追肥期施入硅肥，如禾丰硅肥，每 $667\,m^2$ $10\sim15\,kg$。

（八）膜下滴灌水稻缺硼症状及防治方法

水稻缺硼时，株高降低，正在出生的叶尖端变白、卷曲。严重时生长点可能死亡，但新蘖可继续发生。

防治方法：增施有机肥，同时底施硼肥，后期叶面喷施（表 5-5）。

表 5-5 目前农资市场主要中微量元素肥料品种

肥料类型	肥料品种
硼	硼酸、硼砂、硼镁肥、硼酸钠、硼酸钾等
铁	硫酸亚铁、硫酸铵铁、螯合铁（Fe-EDDHA、Fe-EDTA 等）
锰	硫酸锰、硝酸锰、氯化锰、合锰（Mn-EDTA 等）
铜	硫酸铜、硝酸铜、碳酸铜、氧化铜、氧化亚铜、螯合铜等
锌	硫酸锌、硝酸锌、氧化锌、螯合锌、液体（悬浮）
钼	钼酸铵、钼酸钠、液体钼肥

（续）

肥料类型	肥料品种
钙	硝酸钙、氯化钙、和合钙（氨基酸、糖、EDTA 等）
镁	硫酸镁、氯化镁等
微量元素水溶肥料	铁、锰、铜、锌、铝含两种或两种以上，液体剂型含量≥100g/L，固体剂型≥10%
含氨基酸水溶肥料	固体剂型含氨基酸≥10%，液体≥100g/L，分别含微量元素与钙两种类型，指标分别为≥2%、≥20g/L 与≥3%、≥30g/L
含腐殖酸水溶肥料	固体剂型含腐殖酸≥4 张或 3%，液体剂型≥40g/L 或 30g/L，相应的大量元素含量固体≥20% 或 35%，液体≥200g/L 或 350g/L 含微量元素要求腐殖酸≥3%，微量元素≥6%

三、中微量元素在膜下滴灌水稻上的施用技术

（一）膜下滴灌水稻经济有效施用中微量元素肥料的技术

1. 根据水稻营养吸收特点施用中微量肥料 水稻是对锌敏感的作物，锌在生长素合成上是不可缺少的，并能催化叶绿素的合成。在缺锌土壤上施锌，对水稻有明显增产效果，可促进生长和提高有效分蘖数，并能提高叶绿素含量和防止早衰。一般水稻缺锌反应最明显的时期是在稻株对锌的吸收有两个高峰期：苗期和穗期，但主要是苗期有利于发根分蘖，所以苗期补锌特别重要。因此，水稻施锌肥以早为好。锌肥作基肥优于作追肥。为控制缺锌症状，应重在预防。对于水稻区缺锌状况可以采用以下方法补充锌肥：

（1）蘸秧根 用 1% 氧化锌悬浊液蘸秧根，每 667 m² 大田用禾丰锌 20 mL 加 10～20 倍过筛有机肥，用水调成糊状，蘸根 30 s 后插秧，效果好。

（2）基施 锌缺乏的土壤，可选用缓释型的禾丰颗粒锌或富泰

威五合锌作基肥，以延长土壤供肥时间。每 667 m² 施富泰威五合锌 150～300 g，或者禾丰颗粒锌 150～300 g。在农作物播种时与农家肥、化肥或适量干细土充分混匀作基肥穴施或条施，尽量避免与种子接触。

（3）叶面喷施　叶面喷施锌肥可根据作物生长情况灵活、适时补充，效果显著。具有省肥、减少污染、植物吸收快等特点，是最常用的施锌方法，可在叶面的正反面喷施，但因气孔在叶面的反面，故反面喷施效果更好。在秧苗 3 叶期、移栽前 3～5 d、大田移栽 5～7 d 均可喷施禾丰锌 2 000～3 000 倍，在水稻叶面喷施 2～3 次。其中，水稻移栽前 7～10 d 喷施海绿素 1 000 倍液加禾丰锌 3 000 倍液，可促进水稻根系生长，分蘖提前，并利于后期返青。

水稻植株吸收的肥料量占施用肥料量的水稻是吸硅量最多的作物之一，茎叶中的含硅量可达到 10%～20%，每生产 100 kg 稻谷稻株要吸收硅酸 17～18 kg。水稻缺硅，容易导致茎秆细长软弱，易倒伏和感染病害，穗小、品质下降。缺硅水稻体内的可溶性氮和糖类增加，容易诱致菌类寄生而减弱抗病能力。因此，要严格掌握硅肥的使用方法及用量。

（4）硅肥　可 100% 用作基肥，与氮、磷、钾一起在最后一遍水整地前施用或 70%～80% 作基肥施用。

（5）穗肥　在基肥施用硅肥总量 70%～80% 的情况下，在水稻倒 2 叶露尖倒长出一半时与氮、钾肥一起施用，用量为硅肥总量的 20%～30%，其余 70%～80% 用作基肥。

（6）硅肥与其他化肥配合使用　硅肥必须与氮、磷、钾肥配合使用，不能代替。硅肥以早施、深施为好，深度 8～12 cm。生产上多利用含有钙镁的硅酸盐作硅肥，在施用基肥时与其他肥料混合施入，每公顷施用量为有效硅 15 kg。

2. 根据气候、土壤条件和栽培措施施用中微量元素肥料　膜下滴灌水稻植株对硼、锰元素不敏感，但由于新疆土壤碱性过高、气候干旱等条件阻碍作物对硼、锰的吸收，以及由于高产栽培和偏施氮磷钾肥等会出现中微量元素的诱导性缺乏和短暂性缺乏，因此，必须严格掌握硼肥用量和施用技术。

生产上常用的硼肥有硼酸、硼砂、硼泥和硼镁肥。二硼酸和硼砂均为白色小结晶或粉末，能溶于水，可用作基肥、追肥和种肥，作种肥时，一般每千克种子用硼酸 $0.4\sim1.0$ g 拌种，或用 0.01% $\sim0.05\%$ 的硼砂溶液浸泡种子 $6\sim12$ h。作基肥或追肥时，硼肥用量一般为每 667 m^2 $0.25\sim2.00$ kg（由于用量很少，故多与有机肥或其他肥料混合施用）。硼肥作基肥的有效期为 $2\sim3$ 年，作追肥时宜早施，并注意施匀。当土壤水溶性硼含量低于 0.1 mg/kg，苗期植株叶片全硼含量低于 2 mg/kg 时，宜采用叶面喷施少量硼肥进行防治，每 667 m^2 可喷施速乐硼 25 g；稀释 1500 倍液，视程度不同分别在分蘖期和拔节期各喷施 1 次；出现缺锰症状时可喷施浓度为 0.1% 的硫酸锰溶液或其他含有锰元素的叶面肥料。

3. 中微量元素与氮磷钾之间配合施用　施用中微量元素肥料是在满足了水稻对大量元素肥料的需要前提下，才会表现出明显的增产效果。而且钾、锌有互补效应。试验结果表明：氮磷钾微肥配合施用增产效果 10% 左右，氮肥的利用率提高 2.3%，钾肥的利用率提高 4.4%，稻谷蛋白质含量增加 0.61%，含锌量增加 $7\%\sim$ 30%。所以，配合施用既能增加锌的吸收还可节省钾肥资源。

4. 微量元素之间配合施用　微量元素之间的配合比较复杂，每个元素之间都存在着协同作用和拮抗作用。如锌-锰、锌-铁、锌-硼之间有协同作用，而钙-铁、钙-锌、锰-钼之间有拮抗作用。水稻上锌、锰配合施用有加效效应，比单施锌或锰增产，蛋白质含量、氨基酸含量和必需氨基酸含量均有加性效应。所以，生产优质米必须保证锌和锰的充足供应。

（二）膜下滴灌水稻常规施用中微量元素肥料技术

（1）拌种用少量的水将微量元素肥料溶解，喷洒在种子上，边喷边搅拌，使种子沾上一层肥料溶液，阴干后播种。

（2）浸种微量元素肥料浸种浓度是 $0.01\%\sim0.1\%$，浸种时间为 $12\sim24$ h，种子与溶液质量比为 $1:1$。

（3）蘸根对水稻及其他移植作物施用微量元素肥料时，可采用此方法。浓度为 0.1%～1.0%。用于蘸根的肥料不含危害幼根的物质。

（4）根外喷施是微量元素肥料施用中经济有效的施用方法。常用浓度为 0.02%～0.1%。以叶片的正反两面都被溶液沾湿为宜。对铁、锌、硼、锰等易被土壤固定的微量元素肥料采用此种施用方法效果较好。

（5）土壤施入法微量元素肥料可作基肥、种肥或追肥施用。为节省肥料，提高肥效，通常采用条施或穴施方法。土壤施用微量元素肥料有一定的后效，可隔年施用。

四、中微量元素对膜下滴灌水稻产量和品质的影响

水稻产量的高低直接关系到人均口粮，是保障粮食安全的重要因素之一。稻米品质影响稻米的商品价格与流通，也关系到水稻生产的持续发展。水稻生长发育除必需的 N、P、K 三大元素外，还需要从土壤中吸收适量的 Ca、Mg、Si、Zn、B 等中微量元素。虽然作物对中微量元素需要量较少，但是它们在作物生长发育中的作用是大量元素无法代替的。微量元素有些是植物体的构成元素，有些参与重要的生理生化反应，在作物的不同生育期发挥着重要作用，从而影响着作物的产量和品质。

（一）施硅对膜下滴灌水稻产量和品质的影响

水稻是喜硅作物，硅是水稻的必需元素。正常水稻成熟期茎叶的 SiO_2 含量大于 10%，远远超过 N、P、K 三要素的总和。许多研究表明硅素营养对水稻具有重要的生理作用：①提高细胞壁的强度，增强水稻的抗病（尤其是稻瘟病和纹枯病）、防虫和抗倒伏能力；②有助于水稻株形挺拔，提高光合作用效率；③改善水稻通气组织和根部的氧化能力，增强水稻缓解 Fe^{2+}、Al^{3+} 毒害。其次，

施硅能改善水稻的产量的结构，硅肥能促进分蘖使有效穗增多，促进成熟，显著提高水稻穗粒数和结实率，稻谷产量也显著增加，并明显改善稻米品质；整精米率极显著提高，直链淀粉含量和垩白面积显著降低。施硅使土壤、水稻叶片、稻秆和稻谷的 Si 含量都显著增加，并且相互之间呈显著或极显著的正相关。

（二）施硼对膜下滴灌水稻产量和品质的影响

硼也是植物的必需元素之一。虽然不是植物体内的结构成分，也不是酶的组成成分，但它对促进植物生殖生长有重要作用，还能增强植物的光合作用，促进碳水化合物合成和运转，水稻需硼较少，但在缺土壤进行基施或喷施肥可使水稻明显增产。其次，钼、硼配合喷施，能促进花粉的形成和萌芽，增强光合作用，加速碳水化合物的运转，能显著提高精米率和蛋白质含量。

（三）施锌素对膜下滴灌水稻产量和品质的影响营养

锌是植物必需的营养元素，是碳酸酐酶、多种脱氢酶和某些酶的重要组成部分。水稻施用锌肥对增加株高、有效穗、实粒数和千粒重有一定的作用，配施锌肥能满足水稻生长发育对养分的要求，对水稻亦有良好的促进作用。具体表现为稻苗返青早，分蘖快，穗数、粒数增加，后期生长稳健，同时，它与光化学反应、叶绿素的活性、植物生长素的合成以及三羧酸循环、蛋白质代谢等许多生理生化过程有关，缺锌稻田施锌水稻显著增产，还有利于蛋白质和淀粉的积累。

（四）钙镁配施对膜下滴灌水稻产量和品质的影响

钙是细胞壁的重要组成成分。钙能促进糖合成醇、转化酶、腺苷焦磷酸化酶等，促进蔗糖转化成淀粉的酶的活性，从而促进碳水化合物积累，因此促进水稻生长。酸性水稻土施钙还可减少水稻对铁的过量吸收，从而提高水稻产量。镁是叶绿素组成成分，对叶绿体基质中 RUBP 羧化酶活性起调节作用。缺镁时，光合能力下降，

CO_2 同化能力下降。另外，镁可促进成熟期碳水化合物由茎鞘向穗部运转，水稻有效穗、结实率和千粒重提高，产量显著增加。稻米品质分析表明，钙镁配施对稻米品质有显著的影响，整精米率和胶稠度显著提高，垩白面积与垩白度显著降低，稻米加工品质、外观品质和蒸煮品质都明显改善。而出糙率、垩白粒率、直链淀粉和食味等品质性状与单施硅处理无显著差异。

（五）硅锌配施对膜下滴灌水稻产量和品质的影响

硅锌配施水稻产量和穗粒性状与单施硅虽然没有明显影响，但稻米品质明显降低；整精米率显著降低，直链淀粉显著增加。而其他米质性状则与单施硅无明显差异。土壤有效锌含量与稻米直链淀粉呈显著的正相关，水稻叶片、稻秆和稻米的锌含量也与直链淀粉有正相关，表明直链淀粉提高与施锌有关。

（六）硅钙配施对膜下滴灌水稻产量和品质的影响

硅钙配施对水稻产量和穗粒性状与单施硅无明显差异，这可能与土壤中的钙含量丰富有关。稻米品质分析表明，硅钙配施对稻米品质有显著的影响，整精米率和胶稠度显著提高，垩白面积与白度显著降低，稻米加工品质、外观品质和蒸煮品质都明显改善。而出糙率、垩白粒率、直链淀粉和食味等品质性状与单施硅处理无显著差异。虽然硅钙配施显著提高了土壤的钙含量，但对水稻叶片、稻秆和稻谷的钙含量无明显影响，表明硅钙配施对稻米品质的影响并不是通过促进水稻对钙的吸收来影响的。

五、中微量元素在膜下滴灌水稻上的发展前景

水稻是我国种植面积最大，总产量最多，单产最高的粮食型作物，在国家粮食生产和国民经济中占据着主导地位。长期以来，随着膜下滴灌水稻技术的逐步成熟，中微量元素施肥已成为膜下滴灌水稻种植中一项不可缺少的技术措施。土壤中的微量元素如铁、

锰、铜等重金属等仅占水稻植株干质量的几万到几十万分之一，但对维持水稻的正常生长起着重要作用。在水稻的生长过程中，铁、锰、铜等金属离子含量过量时，会引起离子中毒，使植物无法正常生长；而缺乏这些元素，同样也会导致水稻生长矮小、不育，甚至死亡。阐明这些金属元素对水稻生长的影响及其原因，提出相应的对策及中微量元素肥料的开发向专用性、多功能性、环保无害化等方向发展显得尤为迫切。另外，合理施用中微肥不仅可提高产量，而且对提高水稻的品质非常明显。因此，在重视产量的同时，更注意水稻的品质，就要给土壤合理补充中微量元素，这就给中微量元素开辟了广阔的市场前景。

第五节　水稻有机肥料的选择

肥料是作物的粮食，肥料在作物增产中具有不可替代的作用。以往我国长期依靠农家有机肥，在较低水平上维系着作物生产力和土壤肥力，直至 20 世纪 50 年代初，有机肥料还几乎是土壤养分的唯一供源。之后，特别是 20 世纪 80 年代后，随着我国化肥工作的迅速发展，化肥施用量快速增加，而传统的有机肥因堆制、施用花工费时，且肥效低，逐渐减少，甚至遭到了抛弃。目前，我国化肥消费总量占世界总用量的近 1/3，而单位面积化肥用量远远超过世界平均水平，大量施用化肥而忽视有机肥的施用是我国目前水稻生产中的突出问题。由于化肥的大量使用导致的生产成本上升、产出/投入比低、肥料利用率尤其是氮肥利用率低下、环境污染等现象已经越来越明显。长期施用化学肥料会对水稻的生长发育产生不良的影响，造成稻谷的品质下降和土壤形状的恶化。有机肥含有水稻生长发育所需要的 N、P、K、Ca、Mg、S 等大中量元素和多种微量元素，同时含有有机物质，如纤维素、半纤维素、脂肪、蛋白质、氨基酸、胡敏酸类物质及植物生长调节物质等，在提供作物养分、维持地力、更新土壤有机质、促进微生物繁殖、增强土壤保水保肥能力和保护农业生态环境等方面有着特殊作用。因此，必须加强对机肥开发利用研究，实现有机肥"资源化、减量化、无害化、生态化"的循环利用。对于农业生产来说，如何及时安全的处理和利用成倍增加的作物秸秆和畜禽粪便等农业废弃物，化害为利变废为宝，是目前我国"三农"中面临的现实问题。把有机废弃物转化为养分和活性物质，从而达到农业废弃物的无害化和资源化，这对消除环境污染，改善农村生态环境质量，促进无公害绿色农业发展，推动农业的可持续发展具有现实和深远的意义。因此，有机肥的使用不仅是水稻优质高产和提高土壤肥力的重要措施之一，也是保护生态环境、促进农业可持续发展的必然趋势。

一、常见有机肥的种类及其特征

（一）有机肥的概念

有机肥料是天然有机质经微生物分解或发酵而成的一类肥料。中国又称农家肥。其特点有：原料来源广，数量大；养分全，含量低；肥效迟而长，须经微生物分解转化后才能为植物所吸收；改土培肥效果好。常用的自然肥料品种有绿肥、人粪尿、厩肥、堆肥、沤肥、沼气肥和废弃物肥料等。

（二）有机肥的种类及特征

1. 粪尿肥

（1）牲畜粪尿肥　是指猪、牛、羊、马等饲养动物的排泄物，含有丰富的有机质和各种植物营养元素，是良好的有机肥料。牲畜粪尿与各种垫圈物料混合堆沤后的肥料称之为厩肥。厩肥是农村的主要肥源，占农村有机肥料总量的 63%～72%，主要包括以下几种：

马粪。马以高纤维粗饲料为主，咀嚼不细，排泄物中含纤维素高，可分解之后释放大量热量，因此称为热性肥料。

牛粪。牛粪中含大量的水分通透性差，所以分解缓慢，发酵温度低，称之为冷性肥料。

羊粪。羊粪粪质细密又干燥，肥而浓，发酵较快，也称为热性肥料。

猪粪。猪为杂食性动物，饲料不以粗纤维为主，碳氮比值小，也是热性肥料。

（2）人粪尿　是一种养分含量高、肥效快的有机肥料，含有大量的水分、有机质、矿物质和部分微生物。

2. 秸秆类肥　各种农作物的秸秆含有相当数量的营养元素，具有改善土壤的物理、化学和生物性状，增加作物产量等作用。

3. 绿肥　绿肥是用绿色植物体制成的肥料。绿肥是一种养分完全的生物肥源。种绿肥不仅是增加肥源的有效方法，对改良土壤也有很大作用。但要充分发挥绿肥的增产作用，必须做到合理施用。绿肥能为土壤提供丰富的养分。各种绿肥的幼嫩茎叶，含有丰富的养分，一旦在土壤中腐解，能大量地增加土壤中的有机质和氮、磷、钾、钙、镁和各种微量元素。每 1 000 kg 绿肥鲜草，一般可供出氮素 6.3 kg、磷素 1.3 kg、钾素 5 kg、相当于 13.7 kg 尿素、6 kg 过磷酸钙和 10 kg 硫酸钾。

4. 微生物菌剂　微生物菌剂是指目标微生物（有效菌）经过工业化生产扩繁后，利用多孔的物质作为吸附剂（如草炭、蛭石），吸附菌体的发酵液加工制成的活菌制剂。这种菌剂用于拌种或蘸根，具有直接或间接改良土壤、恢复地力、预防土传病害、维持根际微生物区系平衡和降解有毒害物质等作用。农用微生物菌剂恰当使用可以提高农产品产量、改善农产品品质、减少化肥用量、降低成本、改良土壤、保护生态环境。

（三）有机肥的腐熟

有机肥料堆制和沤制的过程称为腐熟过程；未经腐熟的有机肥中，携带有大量的致病微生物和寄生性蛔虫卵，施入农田后，一部分附着在作物上造成直接污染，一部分进入土壤造成间接污染。另外，未经腐熟的有机肥施入土壤后，要经过发酵后才能被作物吸收选用。一方面产生高温造成烧苗现象；另一方面还会释放氨气，使植株生长不良。因此，在施用有机肥时一定要充分腐熟。腐熟有机肥标准是：颜色为褐色或灰褐色，发酵物温度降至35 ℃以下，无臭味，有淡淡的氨味。

1. 有机肥腐熟的目的　有机肥的腐熟就是有机肥经过堆沤，由生粪变成熟粪。其实质就是在堆沤过程中，通过微生物的作用，将难以被作物利用的有机物变成便于被作物吸收利用的养分，达到有效化；堆沤中产生的60～70℃高温可以杀死大部分病菌和虫卵，达到无害化。

2. 有机肥腐熟过程

（1）准备物料　先将枯枝落叶粉碎，1～1.5 t枯枝落叶，畜禽新鲜粪便2.5～3.5 t，配合使用1 kg农盛乐有机肥发酵剂。要先将农盛乐微生物有机肥发酵剂以1∶（5～10）的比例与米糠（或玉米粉、麦麸）混匀备用。

（2）调整碳氮比　发酵有机肥的物料碳氮比应保持在（25～30）∶1，因落叶、枯草的碳氮比不均衡，所以，1 t的枯草落叶要加1 kg的尿素进行调整。

（3）控制水分　粉碎后的枯枝落叶的水分含量要控制在60%～65%。水分判断：手紧抓一把物料，指缝见水印但不滴水，落地即散为宜。水少发酵慢，水多通气差，会因为缺氧而腐败产生臭味。

（4）建堆处理　将备好的物料边撒菌边建堆，堆高与体积不能太矮太小，要求：堆高1.5 m，宽2 m，长度2～4 m或更长。

（5）温度要求　启动温度在15℃以上较好（四季可作业，不受季节影响，冬天尽量在室内或大棚内发酵），发酵升温控制在60～65 ℃为宜。

（6）翻倒供氧　有机肥发酵剂是需要好（耗）氧发酵，在操作过程中故应加大供氧措施，做到拌匀、勤翻、通气为宜。

（7）发酵完成　一般在物料堆积2～3 d后，温度升至50～60℃，3 d可达65℃以上，在此高温下要翻倒一次，一般情况下，发酵过程中会出现2次65℃以上的高温，翻倒2次即可完成发酵，正常 1 周内可发酵完成。物料呈黑褐色，温度开始降至常温，表明发酵完成。

枯枝落叶经有机肥发酵剂发酵后，能起到彻底脱臭、腐熟、杀虫、灭菌的作用，发酵出的有机肥，富含多种农作物所需要的微量元素。具有无毒无害、提高产量、改善品质、抗病促长、培肥地力、提高化肥利用率的作用，是生产绿色食品，发展生态农业的理想肥料。

二、有机肥在水稻生产实践中的应用

(一) 有机肥对稻田土壤的影响

1. 提高土壤肥力，改善土壤理化性质　有机肥有肥效缓释作用，有利于水稻田土壤养分的可持续利用。含有作物所需要的营养成分和各种有益元素，而且养分比例全面，有利于作物吸收。因此，有机肥施得越多，越有利于土壤养分比例平衡，越有利于作物对土壤养分的吸收和利用，不会因多施有机肥而造成土壤某种营养元素大量增加，破坏土壤养分平衡。

有机肥为土壤提供了大量有机养分和活性物质，如氨基酸、胡敏酸、糖类以及核酸的降解产物均可供作物直接吸收并刺激根系生长。其中有机肥含有大量微生物能加速土壤中有机养分的分解和循环。

有机肥不仅可以改善土壤的理化性质，增加土壤的肥力，而且有机肥中的有益微生物对重金属有很强的亲和性，可通过形成不溶性金属-有机复合物、增加土壤阳离子交换量降低土壤中重金属的水溶态及可交换态组分，降低其生物有效性。

2. 增加土壤储水量，提高水稻水分利用效率　有机-无机团聚体是土壤肥沃的重要指标，它含量越多，土壤物理性质越好，土壤越肥沃，保土、保水、保肥能力越强，通气性能越好，越有利于作物根系生长。增施有机肥料能够减少水分蒸发，提高土壤的含水量，间接加强了农作物的抗旱能力。

3. 增加土壤微生物的活动　有机肥料含有大量的有机质，有机质的增加也提高了土壤微生物的数量，土壤生物活性较强，生物化学过程也比较活跃。因而，促进土壤中各种元素的生物转化作用，提高农作物养分吸收；同时有机质是各种微生物生长繁育的地方。据研究深耕配合施用有机肥，土壤固氮菌比对照增加近1倍，纤维分解菌增加近2倍，其他微生物群落也有明显增加，所以施有机肥能大大促进新开垦土地的熟化进程。另外，有机肥在腐解过程中还能产生各种酚、维生素、酶、生长素等物质，能促进作物根系生长和对养分的吸收。

（二）有机肥对水稻生长发育的影响

1. 提高水稻根系活性　有机肥不仅可以提高土壤的肥力，还可以改良土壤的结构。施用有机肥之后，土壤的通透性增加，可以使水稻根部更好地向下发展，吸收更多的养分，从而使水稻的活性得以提高。这样对根部的吸收营养的范围和能力都有所提高，使水稻根部的物理活性增加。有机肥进入土壤后能够长时间地提供肥料，营养更加丰富与全面，能够使肥力更加持久，且所含的各养分更加均衡，水稻更容易吸收。

2. 提高水稻养分，改善稻田环境　有机肥对水稻的生长有很大的好处。其中，含有的大量元素和微量元素都是水稻所需要的，其分解产生的二氧化碳对水稻的光合作用有促进作用；有机肥分解还会生成有机酸，可以增加养分的溶解度，提高水稻的吸收效率；有机肥分解产生的其他物质也会促进水稻的生长；有机肥可以改良土壤，提高肥力；可以改善土壤的通透性和蓄水性；有机肥可以改变土壤的酸碱性，团聚体的大小和分布。有机肥施用之后，会对上述方面产生一定的影响，提高土壤的存水能力，增大土壤间隙；有机肥的施用必然会改变土壤的肥力，因为有机肥的来源广、养分丰富且种类多样；有机肥在阳离子交换方面具有很突出的作用，不仅能把自身携带的养分输送给水稻，而且还可以吸收土壤中的钾、镁等离子，使土壤的保肥能力有很大提高；而且有机肥受外界因素影响很小，还可以平衡土壤中的酸碱性，具有良好的理化性质。

相关实践表明，有机肥含有水稻所需要的各种营养元素和丰富的有机质，是一种完全肥料。施入土壤后，分解慢、肥效长，养分不易流失；有机肥能有效改善土壤的水、肥、气、热状况，使土壤疏松肥沃；能增强土壤的保肥供肥及缓冲能力，为水稻生长发育创造一个良好的土壤环境；有机肥中的有机质分解时产生的有机酸，能促进土壤养分和化肥中的矿物质溶解，利于水稻吸收利用，从而提高化肥利用率。

3. 提高水稻抗逆性　长期施用有机肥，由于促进作物的生长，根系发达，植株健壮，有效地提高抗植物病虫害和抗倒伏等能力。此外，有机肥和化肥的配合能加速水稻分蘖，促进水稻成熟期提前等作用。

4. 促进水稻光合作用　有机肥分解产生的大量养分和 CO_2 促进了水稻的生长发育，同时可以使水稻吸收到更充足更全面的养分，利于光合作用，让叶内部 SPAD 含量明显提高，有利于碳水化合物的累积。稻田中的碳主要来源于施用的有机肥，有机肥可以使土壤中有机质的含量提高，使土壤的碳量提高，这样也就增加了土壤中 CO_2 的释放量。有机肥的使用还可以减轻温室效应，使用有机肥提高了土壤中有机碳的含量，从而使土壤从大气中获得的碳会减少，减轻了温室效应，所以应不断地增加使用有机肥，增强土壤对碳的固定能力。

（三）有机肥的使用对水稻品质和产量的影响

由于有机肥对水稻的促生长的作用，大大提高了稻谷的品质。大量试验表明，长期配合施用有机肥，稻谷的出米率、粗蛋白、氨基酸、脂肪酸及营养成分显著提高。米粒的外观和色泽也得到改观。有机肥与化学肥料合理的配合施用，减少化肥和农药的用量，减少了化肥和农药在土壤和稻谷中的残留，既改善了稻谷的品质，又保护了土壤的环境，节约了资源，降低了生产成本。

相关研究结果表明，水稻中后期追施不同比例的有机肥，对水稻的产量形成有显著的影响。较高的无机肥比例对分蘖的发生和颖花的分化有一定的促进作用，从而增加穗数；而有机肥比例较高的处理对后期器官的进一步发育影响较大，从而促进了结实率的提高和抽穗—成熟期的物质生产与积累，特别是有机肥与无机肥比例协调的处理。抽穗以后的光合生产能力较强，生产、积累的干物质量较多，生物产量较高，综合提高了群体质量，促进了产量的形成。以有机肥：无机肥为 4：6 的处理对产量形成最为有利。合理的有机肥与无机肥配比有利于提高氮素施用效益，表现为单位面积上的收入增加、氮肥追施生产力提高、表观生产力也有显著的提高。

三、有机肥的使用现状及发展前景

（一）我国有机肥的使用现状

有机肥种类很多，其中最大项是畜禽粪尿与作物秸秆，还有绿肥、饼粕、草木灰、污泥、生活垃圾与污水、熏土等。秸秆与畜禽粪尿除少量用于燃料与工业原料外，大部分可用于有机肥。其利用方式分直接利用和加工利用两种，直接利用有秸秆还田（又分秸秆覆盖和翻压还田两种）和畜禽粪尿发酵处理后直接施用，加工利用则有堆沤肥、沼气肥（生产沼气后利用沼液、沼渣）等方式。秸秆做饲料饲喂畜禽实行过腹还田，也是一种有机肥利用方式。对于有机肥来说，畜禽粪便、秸秆、饼粕和种植的绿肥属于基本资源，而经过加工处理的堆沤肥、沼气肥、厩肥和草木灰等则属于派生资源。

近年来，有机肥使用量减少，尤其是农家肥使用量的减少，而化肥使用量剧增，导致养分比例不合理、土壤板结、结构恶化、蓄水保肥能力下降。目前，一些秸秆仍被当燃料烧掉，还田比例很小。这不仅使有机养分浪费，而且还污染环境；绿肥的种植还没纳入轮作制度中，种植面积越来越小。

（二）我国有机肥的发展前景

合理利用有机肥不仅能够降低农业的生产成本，提高农民的经济收入，最重要的是它能给作物提供源源不断的营养、增加土壤肥力、改善农村环境，从而实现农业的增产增收以及农业经济的循环发展。我国有机肥料十分丰富，种类繁多，而且像秸秆、畜禽粪尿、绿肥、沼气肥等有机肥料均是随着相关产业的发展而不断发展。由此可见，我国有机肥料的应用前景十分广阔。因此，我们现在所应思考的不是有机肥要不要发展，而是如何加快发展。

第六章 膜下滴灌水肥一体化技术的优势与应用

第一节 膜下滴灌水肥一体化的优势

一、水肥一体化提升水稻产量、品质和抗逆性

Arnon 提出旱地植物营养的基本问题是如何在水分受限的条件下合理施用肥料、提高水分利用率以后，水肥之间的互作作用逐渐引起重视。国内外科技工作者进行了大量、多方位的试验，取得了许多成果，水肥一体化大大提高了水稻的产量、品质和抗逆性。

（一）提升膜下滴灌水稻抗逆性

水肥一体化是在节水灌溉的基础上提出的，水分胁迫条件下水稻生理生态响应是农田水利科学的基础，是制约农业水资源优化配置和制定优化灌溉策略，提高水稻水分利用效率和水分生产率的理论基础。近年来，节水灌溉对水稻的生理生化特征影响的研究得到了人们的重视，对提高膜下滴灌水稻的抗逆性有重要意义。蔡永萍研究表明，旱作水稻的根系较细且分布较广，根系干物质积累多，在灌浆期根干重、根系可溶性糖、根系总吸收面积和活跃吸收面积、伤流强度下降较常规水稻缓慢，且旱作水稻灌浆期根系 SOD 等活性氧损伤保护酶的活性下降较慢，丙二醛等过氧化物产量的积累量少，有利于延缓根系衰老。邓环以超级杂交稻"两优培九"和"红莲优 6 号"为材料，比较了间歇灌溉、半旱栽培、干旱栽培和淹水灌溉方式下的水稻生物学特性。结果表明，随着田间灌水量的减少，水稻生育期延迟。与淹水灌溉相比，间歇灌溉的叶片光合速

率高，叶面积指数大，叶片蒸腾速率较低，提高了水分利用率；半干旱栽培的水稻叶片蒸腾速率比净光合速率下降快，水分利用率相对较高；干旱栽培的叶片净光合速率降低，水分利用率低，后期叶片出现早衰。张玉屏在盆栽条件下研究了水分胁迫对水稻根系生长和部分生理特征的影响。结果表明，水分胁迫显著影响水稻单株次生根数、根系干重、根系吸收总面积、活跃吸收面积和根系活力；分蘖期干旱对根系生长发育影响较小，拔节后直至抽穗开花期根系对水分胁迫反应最为敏感；土壤水分为田间持水量的 70%～75% 时，最有利于水稻根系的生长发育。付光玺研究表明，在适宜土壤水分胁迫下，即土水势高于 −30 kPa，丙二醛含量、细胞质膜透性、可溶性糖含量和游离氨基酸含量相对值有所升高，当土壤水分低于灌溉下限复水至土壤饱和时有所恢复，随着生育时期的延长，变化趋势平稳，这说明叶片本身对干旱胁迫存在一定的适应与调节能力。当水势低于 −30 kPa 时，丙二醛含量、细胞质膜透性、可溶性糖含量和游离氨基酸含量相对值显著升高，抗旱性强品种的丙二醛含量、细胞质膜透性增加或者升高幅度小，抗旱性强品种可溶性糖含量和游离氨基酸含量升高幅度大。

崔国贤等人指出，旱作条件下水稻根系弯曲多，分枝特别是粗分枝大量发生，根毛茂密，覆膜后土壤硬度和土壤容重降低，利于水稻根系下扎。据研究，节水灌溉水稻根系分布明显深于常规淹水灌溉；节水灌溉根系呈倒树枝状；各层分布相对均匀，而常规淹灌多呈网状分布。李丽等人指出，两品种膜下滴灌水稻根系长度、表面积和平均直径都高于传统淹灌，根系分布量大。这有利于膜下滴灌水稻吸收养分，转化、合成植株所需物质，与地上部进行物质交流。

以水稻根对 α-萘胺氧化力的大小来衡量水稻根系活力的大小。膜下滴灌和常规淹灌对两品种水稻根系活力的影响表现不同，这可能因为两种灌溉方式对水稻根系活力的影响因品种而异，也可能因为试验中所选品种量少，有一定的局限性。本研究中，两品种根系活力达最大时的时期不同，所以根系活力随生育期变化的趋势可能因品种而异。淹灌水稻一个很重要的生理特征就是根系的早衰。根系的早衰是水稻早衰的主要原因，根系的代谢变化影响整个植株的代谢变化。据研究，节水灌溉下水稻白根数显著增多，根系活力增强。蔡永萍等也指出，抽穗后期旱作水稻根系活力较水作水稻根系活力高、代谢强。本研究中，两品种水稻根系活力在乳熟期都表现为膜下滴灌高于常规灌溉。这可能因为水稻采用节水栽培后，后期根系衰老得比传统水作慢，具有较高的根系活力。膜下滴灌水稻栽培彻底改变了稻田土壤长期淹水状态，土壤的氧化还原电位和通透性显著提高，有利于水稻根系生长发育。

硝酸还原酶是植物体内硝态氮同化的调节酶和限速酶，它不仅对外界氮肥反应敏感，且在植物对氮肥的吸收利用中起关键作用。本研究中两品种膜下滴灌灌溉方式硝酸还原酶活性基本都高于淹灌。路兴花研究了覆膜旱作对水稻根系硝酸还原酶的影响，结果表明，覆膜旱作水稻根系硝酸还原酶活性高于常规水作。她认为，硝酸还原酶是诱导酶，覆膜旱作稻田土壤通气性好，其硝态氮含量必然高于淹水稻田。

叶绿素是植物吸收光能进行光合作用的色素，在一定范围内，光合强度随其含量增加而加强。叶绿素 a 作为光合作用中心的重要成员之一，在光能转换过程中发挥重要作用，大部分的叶绿素 a 和叶绿素 b 作为"天线色素"，为光能的收集做出主要贡献，其中叶绿素 a 有利于吸收长波光，叶绿素 b 有利于吸收短波光。而叶绿素 a/叶绿素 b 的值与光合器官的发育状态及光合活性相关。本试验中，T-04 膜下滴灌方式叶片叶绿素含量在整个生育期基本高于淹灌，T-43 前期膜下滴灌高于淹灌，后期反之。叶绿素 a、叶绿素 b 和类胡萝卜素与叶绿素含量变化一致。这可能因为叶绿素的合成受光照、温度、水分等环境因素影响大，膜下滴灌栽培方式下水稻小环境与传统淹灌不同。

李丽研究表明，叶绿素 a、叶绿素 b 含量及其比值同时也是衡量叶片衰老的重要指标。如叶绿素 a 比叶绿素 b 下降得更快，即叶绿素 a/叶绿素 b 变小，表示叶片在加速衰老。叶绿素 a 相对高于叶绿素 b 则有利于减缓叶片衰老，有利于光合产物的生成。也有研究表明，叶绿素 a 比较不稳定，在干旱或秋天转凉的时候，叶绿素 a 分解要比叶绿素 b 快些，这时其比值也会发生变化。但在本试验中，两品种采用两种灌溉方式叶绿素 a/叶绿素 b 值除 8 月 4 日外无显著差异。

李丽等人在试验中，两种灌溉方式水稻净光合速率日变化基本是滴灌低于淹灌。一般来说，在一定范围内，光合强度随叶绿素含量增加而加强，但本试验水稻叶片叶绿素含量基本是滴灌高于淹灌。这可能由于净光合速率的降低和叶绿素含量的减少并不成正比。也就是说，净光合速率降低的幅度远小于叶绿素含量减少的幅度。这很可能是由于在强光下充足的光能供应可以在很大程度上弥补叶绿素缺乏对光合作用的不利影响。两品种叶片净光合速率呈双峰型曲线，正午时温度和光强达到最大，已超过水稻光合的最适温度和饱和光强，不同程度地出现了光合"午休"现象，淹灌的较轻微，滴灌较明显。发生"午休"的主要原因是强光、高温、低湿和土壤干旱等条件引起的气孔部分关闭和光合作用光抑制。滴灌"午休"现象较明显，这可能因为水稻在膜下滴灌模式下形成的小环境和土壤含水量等有别于传统淹灌。所以，在膜下滴灌方式下，水稻在高温的干热天气下要注意降温、保湿，如采取叶面喷雾等措施降低周围小环境的温度，减弱"午休"。

傅志强等研究表明，受旱处理的水稻叶片光合速率和气孔导度均低于深水灌溉和间歇灌溉。李丽研究表明，两品种滴灌条件下气孔导度基本都低于淹灌，12:00 时都出现峰值，滴灌在 16:00 时出现第二个峰值，淹灌不明显。气孔导度的开合受水分的影响，膜下滴灌可能受水分限制，气孔导度较小。

植物器官衰老或在逆境条件下，会发生膜脂过氧化作用，丙二醛是其产物之一，通常可用它作为膜脂过氧化指标，反映细胞膜脂过氧化程度和植物逆境条件反应的强弱。本试验除了分蘖期外，两品种膜下滴灌方式水稻叶片丙二醛含量均高于淹灌，此结果与蔡永萍研究结果相类似。这可能因为膜下滴灌水稻受水分控制，对植物细胞膜脂质过氧化有促进作用。水分胁迫条件下，丙二醛含量的增加是稻株生长代谢对逆境的一种生理响应，它的升高标志着植株快速转向衰亡。

（二）水肥一体化提升膜下滴灌水稻产量和品质

　　水和肥是水稻生长过程中相互影响和制约的两个重要因子，是形成水稻产量、提高质量的重要因子。研究水肥间相互关系及其对水稻生长发育和产量的影响，对如何在水分受限制的条件下合理使用水肥、提高水肥利用率和水稻的产量具有重要意义。相关研究表明，水和氮对水稻氮素吸收利用及产量的影响表现为明显的协同作用。在一定范围内，随着施肥量的增加，水稻的水分生产率增加；在干旱状况下，施氮可促进作物对深层土壤水分的利用，适宜的水分供应又可促进氮素转化及吸收，提高氮素利用率。王绍华结合产量表现，提出采用适度的水分胁迫可提高水稻氮素利用率，减少稻田氮损失。杨建昌的研究结果表明，在土壤干旱条件下水稻的"以肥调水"作用受到土壤干旱程度及施氮量高低的影响，土壤干旱程度较轻，增施氮肥后产量明显提高，"以肥调水"作用明显；在土壤干旱程度较重时，"以肥调水"的效应减少。以上分析表明，水分充足条件下施肥的作用效果已得到一致肯定，但对不同干旱条件下，特别是严重干旱条件下，施氮有无增产作用则产生分歧。周明耀研究表明，低施氮条件下，节水灌溉处理的水稻产量均高于淹水灌溉的处理，增产幅度分别为 6.01% 和 11.68%。氮肥施用量较高时，水稻地上部分植株干物质重虽然增加，但产量增加幅度较小，说明施用较高的氮肥，并不利于节水灌溉条件下水稻的产量。

　　相关研究表明，节水灌溉与淹灌的水稻产量相差不大，但节水灌溉的氮肥利用率要高于淹灌。多数人研究认为，氮肥一定的条件下，干湿交替灌溉能提高水稻的水分利用率，从而提高产量。孙永健还认为，干湿交替相对于淹灌和旱种有助于拔节至抽穗期水稻吸氮率量的增加，提高氮素干物质生产效率及稻谷生产效率。在此基础上，他提出了一套干湿交替灌溉＋施氮量为 180 kg/hm² ＋磷、钾肥施用量均为 90 kg/hm² 的较佳的水肥优化管理模式。李俊周认为，在干湿交替灌溉下倒 2 叶期施肥显著提高了弱势粒二次枝梗的平均灌浆速率及最大灌浆速率，从而提高了水稻的千粒重、籽粒充实度及产量。彭世彰研究认为，控制灌溉和实地氮肥管理模式也可以节省水肥的投入，提高水肥利用率。周广生认为，水稻分蘖期具有很强的自我调节能力，节水处理对水稻产量的影响在品种与处理间存在差异，一定程度节水处理可提高某些品种的产量，但也使一些品种的产量下降，故节水抗旱栽培应选择适当的品种。张瑞珍认为，水稻开花期保持土壤湿润有利于籽粒增重，提高产量又节约水资源。孙彦坤认为，控制灌溉，全生育期不建立水层，土壤含水量低，土壤升温快，平均土温始终高于间歇灌溉，各层土壤平均温度比间歇灌溉高 1 ℃左右。土壤温度的差异对水稻产量的提高有着显著的影响，控制灌溉比间歇灌溉分蘖量提高了 10%，每平方米穗数提高了 7%，每穗实粒数提高 11%，增产 7.8%，节水 10.4%。

程建平的研究结果表明，间歇式灌溉下稻米的整精米率、精米率、粒长均高于其他处理，但垩白粒率、垩白度低于其他处理；随着稻田水量的减少，稻米的直链淀粉含量降低，而胶稠度和蛋白质含量提高。试验结果表明，间歇灌溉为南方稻区较适宜的灌溉方式。王平荣认为，干旱可降低稻米加工品质，其中对整精密率的影响最大；干旱对粒形影响不大，但极显著增加垩白粒率和垩白度，从而降低稻米的外观品质；干旱还可影响稻米的蒸煮和食用品质，使稻米的糊化温度提高，胶稠度变硬，直链淀粉含量降低。石英尧认为，总体上旱作处理的抗旱新品种的直链淀粉含量比水作处理低，随着直链淀粉的增加，旱作和水作的差别加大。但直链淀粉较低时，旱作比水作稍高。所以，膜下滴灌对改善稻米的直链淀粉含量是很有利的。

膜下滴灌条件下糙米率、精米率、整精米率、胶稠度、碱消值、直链淀粉等性状提高，而垩白粒率、垩白度、蛋白质含量降低，稻米粒形变小。余灿在大田条件下进行了半期旱作栽培试验，表明半期旱作可以降低稻米垩白粒率，提高蛋白质含量。尤小涛认为，节水灌溉显著降低了单位面积有效穗数、整精米率、粗蛋白含量以及胶稠度，提高了垩白性状指标和直链淀粉含量。

二、水肥一体化提高经济效益、生态效益和社会效益

水肥一体化技术是一项现代农业设施技术，其核心是通过滴灌设施，将水、肥及药物直接送达作物的有效根部，从而实现省水、省肥、省工、高效的目的。

（一）省水

省水是滴灌技术的基本理念，通过滴灌设施，增加用水次数，减少每次用水数量。根据不同作物和不同生长时期确定用水量，减少水分的下渗和蒸发，提高水分利用率。滴灌与大水漫灌相比，节水率达 30％～50％。

（二）节肥

实现了平衡施肥和集中施肥，减少了肥料挥发和流失，以及养分过剩造成的损失，具有施肥简便、供肥及时、作物易于吸收、提高肥料利用率等优点。在作物产量相近或相同的情况下，水肥一体化与传统施肥技术相比可节省化肥 20％～50％。

三、减少病害，减少田间用药

多数病害是因田间湿度过大造成的。水肥一体化技术的应用有效控制了田间湿度，减少了病害的发生，土传病害也能得到有效控制。空气湿度的降低，在很大程度上抑制了作物病害的发生，减少了农药的投入，滴灌每 667 m² 农药用量可减少 15％～60％。

四、防止土壤板结

常规灌溉由于水流重力、冲击力，频繁的田间作业，以及水多水少造成微生物特别是好氧微生物减少等原因，往往使土壤板结，影响农作物生长。水肥一体化技术则是解决这些问题的途径。滴灌施肥克服了因灌溉造成的土壤板结，土壤容重降低，孔隙度增加，减少土壤养分淋失，减少地下水的污染。

五、省工

水肥一体化技术不需再单独花时间灌水、施肥，减少了施药、除草、中耕，大大节约了工时。

六、省成本

省水、省肥、省药、省工，减少了生产成本，提高了生产效益。

七、生态环保

农药、化肥使用量的减少也一定程度上减轻了对环境的污染，对环境保护起到一定的作用。

滴灌水肥一体化技术从传统的"浇土壤"改为"浇作物"，是一项集成的高效节水、节肥技术，不仅节约水资源，而且提高肥料利用率。有关专家表示，水肥一体化技术的大面积推广应用成功，带给中国农业乃至世界农业的都是一个大大的惊叹号，其意义绝不仅仅在于节水本身。随着这项技术在更大范围的推进，它所引发的必将使中国农业由传统迈向现代的一次具有深远意义的革命（表6-1）。

表 6 - 1　每 667 m² 膜下滴灌水稻与直播、插秧水田种植方式投入对比表（元）

费用名称	膜下滴灌		插秧水田	直播水田
滴灌系统折旧年均（共 20 年）	井水 34.83		0	0
	河水 39.45			
土地整理（平地、渠、埂）	0		165	150
育秧、插秧	0		200	0
地膜	50		0	0
滴灌带（以旧换新）	80		0	0
地面支管折旧年均（共 5 年）	17		0	0
种子（6 元/kg）	54		24	150
除草剂、农药	30		55	65
肥料	160		230	230
机力费（犁、播、耙、耕）	110		150	150
人工（田管）	50		150	150
水费	30		60	60
电费	39.5		20	20
收获	70		90	90
农资拉运及损耗	20		20	20
合计	井水 745.33		1 164	1 085
	河水 749.95			

注：按产量 9 000 kg/hm² 算，各地水、电等费用不一，区别核算。

第二节　膜下滴灌水稻水肥一体化技术示范和推广前景

通过膜下滴灌水稻栽培技术的运用，可实现节水 60% 以上，可提高土地利用率 10%（节省田埂、水渠等占地面积）；综合节省的水费、劳力费及减去地表滴灌器材的投入，每 667 m² 可增加经济效益 160 元以上。膜下滴灌水稻机械化栽培，既降低灌溉成本，又减轻农民负担，不仅增产还增收，同时摆脱了过去深水淹灌对水稻生产带来的各种弊端，如倒伏、病害、早衰、劳动强度大等限制水稻产业发展的因素。

一、膜下滴灌水稻在灌排中心应用情况

膜下滴灌水稻栽培技术在中国灌溉排水发展中心顺义基地的试验成功，不仅有利于该项技术在北京及周边推广，满足首都稻米需求，而且有利于通过水利部将该项新技术辐射推广到全国适宜膜下滴灌水稻的种植区域，为我国粮食产量与品质安全做出贡献。

二、膜下滴灌水稻种植技术在新疆昌吉地区发展前景

膜下滴灌技术目前在新疆已大面积推广，尤其是新疆兵团已接近 100% 使用滴灌。靠给作物根系局部灌水，不仅满足了作物正常需水，而且减少不必要的浪费。随着精准的水肥一体化控制与地膜增温、保湿、防草等技术有机结合，膜下滴灌技术势必使得作物增产增效。水稻膜下滴灌机械化直播栽培技术同样是基于此原理，在解决好品种、机械、植保、田管等技术环节基础上发展起来的一种全新的大田栽培技术。该技术在昌吉地区有明显的节本增收效果，且该技术有利于该地区轮作倒茬、调整产业结构、增加农民收入、节约水资源等，有极广阔的推广应用前景。

三、滴灌水稻在黑龙江 8511 农场推广前景

8511 农场地下水资源和降水丰富，通过发展滴灌水稻栽水模

式，可充分利用当地地下水资源，实现以滴灌和自然降水相结合灌溉方式，充分发挥其水资源优势，变旱地为滴灌水稻田。滴灌水稻栽培技术在8511农场的推广有效提高了当地水资源的利用率，解决了丘陵漫岗耕地水稻种植问题，为当地水稻面积的扩大种植和产业化结构调整提供了技术支撑。通过大田推广种植，滴灌水稻栽培技术在节水增效、水肥一体化、提高产量等方面取得了良好的效果，在8511农场具有广阔的推广前景。

四、膜下滴灌水稻在辽宁省铁岭地区试验示范

膜下滴灌水稻栽培技术在辽宁铁岭地区成功试验示范，不仅有利于铁岭地区及辽宁省农业产业结构调整，节约用水，发展二三产业，而且可利用铁岭的地理位置带动吉林和黑龙江两省的稻业发展、农业提质增效和产业的转型升级，保障我国的粮食安全生产。

五、膜下滴灌水稻技术在山东省推广前景分析

2014年，膜下滴灌水稻栽培技术在山东东营国家农业科技园区示范推广获得成功，平均产量稻谷超过7 500 kg/hm^2。这为该技术在山东其他地区的大面积推广奠定了基础，总结了宝贵经验。膜下滴灌水稻栽培技术是集成了节水、环保、品种、机械、植保、田管等多项技术环节的一种全新的大田栽培技术，有效地解决了山东当前农业水资源短缺、劳力紧张、稻区土壤生态环境恶化等问题。

山东鲁北与鲁南稻作区土壤状况与东营地区相似，属于沙壤土，土壤有机质不高，盐碱较重，保水肥能力差。膜下滴灌水稻在东营示范推广成功，为山东省在滴灌节水农业方面的应用意义重大。此外，膜下滴灌水稻还有利于山东农业产业结构的调整，促进粮食生产持续健康发展，为保障该省的粮食安全提供了一条新的解决途径。

第三节　膜下滴灌水稻水肥一体化还需解决的技术问题

一、产品、技术模式及培训问题

（一）研发技术产品

根据生产实际和农民需求，加大关键技术和配套产品研发力度。按照实施水肥一体化对土肥水管理、作物栽培、病虫害防治、农业机械等的新要求，开展技术集成研究，形成新的农业种植制度。进一步加强土壤墒情监测，掌握土壤水分供应和作物缺水状况。科学制定灌溉制度，全面推进测墒灌溉。制定用于水肥一体化技术的水溶性肥料标准。规范和引导水溶肥料行业发展。开展水溶肥料、灌溉设备、监测仪器等相关水肥一体化新设备新产品的试验示范，为大规模推广提供依据。抓紧研发微灌用肥料，提高水溶性，优化肥料配方，降低生产成本。配套土壤墒情监测设备，实现实时自动、方便快速。在井灌、渠灌、丘陵山区及设施温室等不同应用环境下，研发使用方便、防堵性好的水肥一体化设施设备。

（二）完善技术模式

在重点区域和优势作物上，做好技术模式的选择和集成创新，开展不同灌溉方式、灌水量、施肥量等对比试验，摸索技术参数，制订主要作物水肥一体化技术模式下的灌溉制度和施肥方案；建立覆膜与露地结合、固定与移动互补、加压与自流配套的多种水肥一体化模式，形成本区域主要作物水肥一体化技术规程，提高针对性和实用性。

（三）开展示范培训

将水肥一体化作为节水增粮、防灾减灾、粮棉油糖高产创建和园艺作物标准园创建等工作的关键技术，强化示范展示。示范区设立统一标牌，标明创建单位、责任人、目标任务、技术要点等内容，方便农民学习，接受社会监督。逐级开展技术培训，重点培训省、县水肥一体化技术骨干。组织召开现场观摩活动和兴办农民田间学校，采取技术讲座、印发资料、入户指导等形式，向基层技术人员和广大农民宣传技术效果，普及水肥一体化技术知识。

（四）构建推广机制

充分发挥行政推动作用，整合行政管理、推广机构、科研教学单位、生产供应企业、农民专业组织力量，形成"五位一体"的推广机制。积极争取各级政府支持，利用相关项目资金，扶持、引导、推动水肥一体化技术推广工作。充分发挥土肥系统技术优势，强化服务意识，提高专业技术水平和服务指导能力。充分发挥科研教学单位技术创新引领作用，研发水肥一体化关键技术和设备。充分发挥企业自主研发和服务主体作用，积极参与水肥一体化示范建设，为农民提供灌溉设备、水溶性肥料等优质产品和系统维护、技术咨询等技术服务。充分发挥农民专业组织的作用，推进水肥一体化技术推广的规模化和标准化。

全国农业技术推广服务中心多年来连续在全国举办相关技术培训和建立示范点，旨在快速推广水肥一体化技术。近年来，劳动力价格攀升、水资源短缺、肥料利用率低及环境污染问题都迫使人们越来越重视水肥一体化技术。但是，在我国该技术还处在启蒙、示范和部分地区推广阶段。虽然多年来各地区农技推广部门组织了一些培训和做了很多示范工作，然而大多数农技推广人员和种植户对该技术了解不全面，加之在西北地区节水技术很难体现出直接的经济效益，造成农民接受和认可度不高。水肥一体化灌溉施肥技术是实现农作物生产规模化、产业化、商品化和获取高产优质的最佳模式，也从根本上解决了我国很多经济作物如香蕉不能在丘陵、坡地种植的问题等。

二、水肥一体化技术研究层面问题

（一）水肥一体化技术高产高效机理研究少

高标准的水肥一体化需要对不同作物、不同区域适宜的土壤墒情技术参数、滴灌技术参数、施肥技术参数有足够的研究，在此基础上才能依据各种作物的需水需肥规律，建立各种作物的灌溉施肥制度，形成完整的水肥一体化技术体系。我国各地区地理情况不一样，气候条件迥异，水肥一体化技术的应用起步不一样，各地结合当地实际情况对水肥一体化相关的技术机理研究还相当缺乏。例如，新疆地区各科研机构对水肥一体化技术进行了广泛的研究，但都集中在棉花、葡萄、蔬菜、玉米等作物上，大部分的研究工作中除对棉花有相对较深的机理研究外，对其他作物的研究只侧重于水肥一体化技术对其作物产量、水分及肥料的利用指标上，而对不同作物水肥耦合效应致使作物高产高效机理的研究较少。

在西北黄土高原苹果产区，由于气候干旱少雨，目前果园生产上正在推广使用微垄覆盖集雨保墒技术，同时结合在膜边缘进行土壤注射追肥。虽然以上做法能够确保旱地苹果园养分与水分同时高效利用，但是对于覆膜与注射施肥、注射施肥频率、注肥量等对苹果产量和品质提高效果最佳的果园管理方式的研究却很少。

（二）技术配套设备及高端全水溶肥研发较少

一方面，滴灌水肥一体化是将滴灌和施肥紧密结合在一起的高新技术，需要滴灌设备、水溶性肥料及滴灌施肥制度有机结合在一起，而我国缺乏性价比高的滴灌施肥设备和自动化管理技术。国内的很多滴灌设备生产企业主要是仿制国外设备，企业不愿将时间和资金耗费在科研上，同时国家也没有鼓励研发的相关政策，而且人们不愿做新产品的试金石，片面认为国外的产品一定比国内的好，种种原因使得滴灌技术的创新发展缓慢。由于国内企业规模小，技术水平低，生产工艺差，生产的滴灌设备产品出现了很多质量问题。

例如，PVC 管材耐压性能差，管道连接密封性也较差等。西北许多地区农村农户不能全额承担滴灌系统工程的投资，且因盲目追求低造价的势头，其结果是用简化滴灌系统配置、低等级管道、施工质量差等造成滴灌系统功能不全。由于采用质量不过关的设备，导致大批滴灌工程不能正常发挥效益，甚至报废。这样不仅浪费了资金，而且极大地挫伤了农民使用喷灌设备的积极性，同时也限制了水肥一体化技术的应用。另一方面，滴灌水肥一体化和简易水肥一体化技术对肥料的要求较高。目前，我国农资市场上销售的水溶肥品种呈现多、乱、杂的特点，同时缺乏高端的全水溶肥产品。而国内水溶肥的技术研究、产品开发和大规模应用还处于起步推广阶段，校企合作研究少，适于灌溉施肥系统的知名肥料能使用的品种少。

三、水肥一体化技术推广层面问题

（一）缺乏水肥方面专业人才指导

水肥一体化技术综合了农田水利、灌溉工程、肥料、栽培、土壤等众多学科知识，由于学科间的区别限制了水肥一体化技术的发展，主要表现在重视管道工程设计而忽略了肥料的选择和栽培学研究，或者是重视土壤养分和水分的迁移转化而忽略了管道设计。滴灌厂家和承建单位只重视设备安装，而忽视了对用户后期的设备使用技术指导和培训，造成设备的安装和使用脱节。同时，因肥料生产企业对农化服务重视度不都，多数重视的是肥料配方的经济型及产品的宣传和销售，而对肥料施用技术服务不到位，使得在滴灌施肥或根际注射施肥时，因没有根据土壤和作物需肥规律制订施肥方案，造成养分配比、用量分配不当以及施肥次数不合理等问题，不仅没有达到节水节肥的目的，反而造成资源的浪费和增加成本，从而不利于水肥一体化技术的推广。

（二）技术推广手段落后

传统的农业技术推广是与农民面对面地传授技术，缺乏现代的科技培训及演示，信息传播、试验仪器都非常简陋。尤其是我国西北地区，因为经济不发达，很多现代化手段都无法使用。不管是肥料生产企业还是灌溉节水系统设备安装公司，都缺乏主动给农户讲解并通过一定科技手段动态的演示使农民明白使用的方法。

（三）政府对水肥一体化技术推广支撑不足，缺乏监管

我国发展水肥一体化技术，一般采用进口材料设备每 667 m² 投资 2 000 元左右，而采用国产的材料设备也有 1 000 元左右，若按使用寿命计算，每年每 667 m² 投资只为 300 元左右，而每 667 m² 每年增收 1 000 元左右，高者达 2 000 元以上，一次投资多年受益。但由于第一次投资性比较大，农民在没有见到示范技术成果的时候，往往是观望的心态，所以还难以承受，尤其是西北地区。虽然我国将发展水肥一体化示范项目经费纳入财政预算，每年都安排了专项经费，在有关项目中也明确规定一定的数额用于发展水肥一体化示范。可仅是有限的示范补助，而对农民或业主自行采用的材料设备还没有纳入财政补贴的范畴，这就限制了水肥一化技术的发展和应用。与此同时，政府相关部门缺乏监管，让一些生产商为了牟取利益，降低大量元素含量，添加一些价格相对便宜的微量元素、激素和植物生长调节剂，从而很难达到依据土壤墒情、作物需肥情况施肥，平衡施肥效果难以发挥，也是限制水肥一体化技术效果的一个限制因素。

（四）农民对水肥一体化技术接受难度大

农业新技术进入农村的渠道不通畅，一方面是新技术"源"本身的问题，同时也与农村缺乏相应的技术体系有关。农户是农业生产系统中经营活动的基本单位，也是农业技术推广体系运行的核心部分，但农民整体知识水平不高，科学素质低，农民对传统知识的延续性与现代农业技术存在较大的差异。另外，因农业产业的经济效益比较低，导致很多有文化、懂技术的农村青壮年劳动力向第二三产业大批转移，而真正从事农业生产的农民整体素质明显偏低，

与接受并应用农业新科技所要求的知识水平相差较大，成为农业技术推广的巨大障碍。大多数农民只能维持简单的再生产，认为如果加大对农业生产尤其是对农业新技术应用资金的投入，就会承受不了市场与自然因素带来的双重风险。因而他们宁愿按照传统的生产方式获取最稳定、最安全的效益，从而造成了水肥一体化这项新技术推广应用的滞后。

（五）在水肥一体化技术推广中农民的主体意识不强

我国长期以来形成了以政府为主导的农业技术推广体系。农民依赖政府部门，政府如果没有资金的投入或者政策的扶持，农户就没有自主投入使用农业技术设备的主动性。

（六）农户学习及了解水肥一体化技术的途径很少

农民对农业技术的学习，一是通过农技推广部门的推广集体进行学习；另外是通过传统的农户间经验技术的交流与传递，而通过互联网的传播学习几乎是不可能的。虽然通过示范户对新技术的应用可以得到一定的影响，但是在市场竞争的约束下，有些示范户并不希望将他们的技术传播给其他农户。只有当其他农户自己认识到技术带来广阔的市场及超额利润时，他们才成为新技术的传播源。

四、解决各层面问题的手段

（一）坚持政府引导、国家政策扶持

滴灌水肥一体化技术虽然一次性投入较大，但见效快、效益期长，很值得推广。目前，我国农民家庭特别是西北地区农民家庭的经济条件还有限，一次性投资还无法承受。对农民而言，关心的不是能节约多少水，而是土地能产出多少粮食和产出多少经济效益；对于国家而言，节水灌溉是高效利用水资源的方法。因此，加大国家对节水农业的支持力度，尤其是加大节水灌溉设备的投入和政策扶持力度，广泛吸引农民及社会各方多元化投入，依托种粮大户、

农机大户、农业及农机专业合作社等有一定影响力和带头作用的农民或社会组织，科学地建立节水农业发展的长效机制，以保证水肥一体化这项技术长期发挥作用。因此，水肥一体化技术的发展需要各级财政政策及资金的鼓励及支持，并已经将此技术示范推广的经费纳入地方财政预算的同时，应该对农户自行采购的材料设备纳入财政补贴的范畴，可采取如同农机财政补贴的办法，对节水节肥先进技术和设备实行财政补贴。此外，还要鼓励和支持对现有水利资源（如地头水柜和集雨池）的高效利用，全面推进水肥一体化的健康、稳定发展。

（二）坚持因地制宜、合理布局的原则

要因地、因作物制宜，细化发展水肥一体化技术的目标任务。在新疆、甘肃、陕西、宁夏等西部地区的棉花、玉米、小麦、蔬菜、果树等作物上发展水肥一体化技术。按照因地制宜的原则，针对作物需水规律、水资源条件和设备特点，集成组装一系列水肥一体化技术模式。在干旱和半干旱地区，有膜下滴灌施肥一体化、丘陵山区重力滴灌施肥一体化等模式。

（三）加强水肥一体化技术基础性研究

联合各地区科研单位、高等院校开展与滴灌水肥一体化技术相关的研究，探索滴灌施肥条件下土壤理化性质的变化，水肥耦合条件下肥料利用效率提高的机理，干旱地区滴灌条件下土壤盐分消长变化规律及土壤盐渍化的防止措施，以及滴灌施肥与土壤全层施肥如何协调配套及滴灌施肥条件下土壤配肥的有关技术问题的研究。并依据各地区地形、土壤墒情等有针对性地提出适宜的灌溉施肥制度、设备管理措施和栽培技术建议等，科学指导农业生产，提高技术到田率。同时，加快对土壤根际注射灌溉施肥水肥耦合机理的研究及对土壤养分影响等的研究，并需要进一步对覆膜与注射施肥、注射施肥频率、注肥量等对苹果产量和品质提高效果最佳的果园管理方式的研究。

滴灌工程建设中安装的施肥设备，一般是注入式罐，而目前市场上供农作物使用的肥料为固体肥料，主要有尿素和磷酸二铵，用滴灌系统设备施用有困难，铵根本无法施用。所以，各肥料企业要加大对水溶主要依据作物的需水、需肥规律和水肥耦合机理盐分的运移规律和分布特征，开发滴灌水肥一体

（四）推广水肥一体化技术的对策

首先多渠道增加农村的科技投入，建立农撑。其次，增加农业技术推广经费，提高农技责任心。农业技术推广人员在农业技术推广中造、教育、参谋的作用，提高农技推广队伍技术推广的成效。最后，给农业技术推广人设备，保证技术推广的可持续性，重点应信息技术体系建设，提高节水农业信息化

（五）大力宣传，做好水肥一体

加快水肥一体化技术的推广，首先集体会议、培训、报纸、杂志和网络员和种植户了解水肥一体化技术的基的操作流程、优缺点及成功的案例和工作。培训是推广水肥一体化技术培训者在了解水肥一体化技术的基操作规程等。为了做好水肥一体化训人员准备不同的培训内容及培训关管理部门进行合作。第一，针对要有区别。水肥一体化技术的推人员、节水灌溉工程设计和施培训政府管理人员时，对于水化技术后的经济效益、社会效

且要将水……环境保护……技术推广和应用与建设现代化农业、科技下乡、点培训水……等内容联系起来。在培训农技推广人员时，重面的基础……术操作规程细节，并且也要对灌溉和施肥两方重点介绍各……在培训节水灌溉工程设计和施工人员时，要施肥设备及……还有在不同地形、土壤等条件下如何选择户提供后期……使用方法，以及制定合理的灌溉制度和对农溉施肥的专用……在培训肥料销售人员时，重点培训用于灌方法。在培训……如何合理制订施肥方案和养分水分的监测水肥一体化技……须联系农户各自种植的具体作物来讲解在的问题及解……介绍整个技术规程和在实际操作中存技术中最具体……际农业生产中，农户们需要的是整个多少次，成本是……灌水，农户想知道的是灌多少水，灌何施，施多少等……施肥，农户想知道的是施什么肥，如对政府管理人员……的培训者采取不同的培训方式。在节水灌溉工程企业内培训为主；在对农技推广人员、合田间实际操作的……商培训时，需要采取室内培训结为主。实践证明，……户培训时，主要以田间实际操作式。第三，企业和……作培训是农户最喜欢的培训方一定的经费，同时也……组织培训会。组织培训会需要设备制造企业及肥料宣传。前者可以通过节水灌溉管理部门的作用实现……，后者则可以通过发挥政府

五、解决各层……措施

1. 加强组织领导，……

推广机构、科研教学单位……地要成立由行政管理、肥一体化集成创新和产业……术专家组，搭建加快水实加强领导，制订工作方案。各级农业部门要切把推广水肥一体化技术的各……强化技术指导服务，

2. 整合资源力量，多方增加投入　积极争取有关部门支持，建立水肥一体化技术补贴机制，稳定投资渠道，增加资金投入。鼓励引导节水农业相关企业、农民专业合作组织和种植大户等积极参与水肥一体化示范建设。充分调动社会各界力量推广水肥一体化技术。

3. 强化市场监管，规范行业发展　加强水溶性肥料、灌溉设备、墒情监测仪器等产品的跟踪评价和监督管理，培育一批重点农户、企业和合作社，壮大水肥一体化产业规模，提高产品质量水平，提升服务能力。

4. 注重宣传引导，营造发展氛围　充分利用报纸、杂志、广播、电视、网络等多种媒体形式，广泛宣传水肥一体化技术增产增效、资源节约的效果及典型经验，营造社会各界广泛关注、共同支持水肥一体化技术发展的良好氛围。

5. 加强技术指导，确保推广效果　加强技术指导和服务，结合当地实际，制订大力推广水肥一体化技术的工作方案，开展水肥一体化技术试验、示范、培训、指导、效果监测等工作，努力提高水肥一体化技术推广的效果、效率和效益。

图书在版编目（CIP）数据

膜下滴灌水稻水肥一体化技术／银永安主编．—北京：中国农业出版社，2019.5
ISBN 978-7-109-25417-6

Ⅰ.①膜…　Ⅱ.①银…　Ⅲ.①水稻栽培—地膜栽培—滴灌—肥水管理　Ⅳ.①S511.071

中国版本图书馆 CIP 数据核字（2019）第 072901 号

中国农业出版社出版
（北京市朝阳区麦子店街 18 号楼）
（邮政编码 100125）
责任编辑　廖　宁

中农印务有限公司印刷　新华书店北京发行所发行
2019 年 5 月第 1 版　　2019 年 5 月北京第 1 次印刷

开本：880mm×1230mm　1/32　印张：6.75
字数：250 千字
定价：38.00 元

（凡本版图书出现印刷、装订错误，请向出版社发行部调换）